KB136100

느끼고 아는 존재

느끼고 아는 존재

초판 1쇄 발행 2021년 8월 30일
초판 5쇄 발행 2024년 12월 26일

지은이 안토니오 다마지오
옮긴이 고현석
감수자 박문호
펴낸이 유정연

이사 김귀분
책임편집 조현주 **기획편집** 신성식 유리슬아 서옥수 황서연 정유진 **디자인** 안수진 기경란
마케팅 반지영 박중혁 하유정 **제작** 임정호 **경영지원** 박소영

펴낸곳 흐름출판(주) **출판등록** 제313-2003-199호(2003년 5월 28일)
주소 서울시 마포구 월드컵북로5길 48-9(서교동)
전화 (02)325-4944 **팩스** (02)325-4945 **이메일** book@hbooks.co.kr
홈페이지 http://www.hbooks.co.kr **블로그** blog.naver.com/nextwave7
출력·인쇄·제본 (주)상지사 **용지** 월드페이퍼(주) **후가공** (주)이지앤비(특허 제10-1081185호)

ISBN 978-89-6596-463-6 03400

- 흐름출판은 독자 여러분의 투고를 기다리고 있습니다. 원고가 있으신 분은 book@hbooks.co.kr로 간단한 개요와 취지, 연락처 등을 보내주세요. 머뭇거리지 말고 문을 두드리세요.
- 파손된 책은 구입하신 서점에서 교환해 드리며 책값은 뒤표지에 있습니다.

인간의 마음은 어떻게 진화했을까

느끼고 아는 존재

안토니오 다마지오

고현석 옮김 | 박문호 감수

흐름출판

추천사

의식이란 무엇인가? 우리는 왜 의식을 갖게 되었을까? 무언가를 느끼려면 반드시 의식이 필요할까? 마음은 어떻게 감각을 활용하고 의식을 만들어내 느낌과 앎으로 나아가게 됐을까?

의식 연구의 최전선에 서 있는 세계적인 철학자이자 뇌과학자 안토니오 다마지오의 이번 책은 그의 의식이론을 간결하면서도 포괄적으로 서술한, 흥미로운 저작이다.

이 책에서 다마지오는 세상에서 가장 난해한 문제 중 하나인 의식의 본질을 중추신경계의 생물학적 접근으로 해결가능하다고 주장하면서, 동시에 의식에서 뇌뿐만 아니라 몸의 중요성을 포괄적으로 강조하고 있다. 최신 뇌과학도 이를 강력하게 뒷받침하고 있다.

이 우주에서 100년도 못 미치게 살아가는 생명체가 가질 수 있는 가장 고귀한 질문은 단언컨대 의식의 본질에 대한 물음이다. 이 책을 통해 마음 탐구의 최전선에서 의식의 본질을 사색하는 행복한 시간을 가져보자.

— **정재승** 뇌과학자, 《과학콘서트》《열두 발자국》 저자

만약에 조물주가 요리사고 의식을 요리하려고 한다면, 그는 어떤 레시피를 따라야 할까? 이 책《느끼고 아는 존재》는 말하자면 다마지오에게 직접 듣는 '의식 레시피'다. 이 레시피에 따르면 감각을 처리하는 신경 지도들은 이미지의 기초가 되고, 이미지는 마음의 내용물을 이룬다. 다마지오가 제시하는 의식의 마지막 '비밀 소스'는 바로 느낌이다. 항상성 느낌과 정서 느낌으로 나누어지는 느낌은 온몸 구석구석 퍼진 신경계와 유기체, 즉 '목 아래'의 몸 사이 상호작용을 통해 만들어지는데, 이 상호작용은 신경계와 몸이 우리 내부에서 서로 '엉겨 붙어 있다'고 해야 할 정도 너무나 직접적이고 혼성적이다. 뇌-몸 혼성의 결과로 만들어지는 느낌은 우리의 생명 활동에 본질적인 정보를 실시간으로 업데이트한다. 다마지오에 따르면, 뇌와 몸이 합작하여 만들어내는 이 '존재'의 느낌 또는 '생명'의 느낌이야말로 의식의 바탕이 된다.

《느끼고 아는 존재》에서 다마지오는 자신의 의식 이론을 기본 개념부터 차근차근 설명해주고 있다. 또한 그 과정에서 의식과 관련된 잘못된 상식과 널리 퍼진 개념적 오류들을 지적하기도 한다. 다마지오 의식 이론의 전모를 알고 싶은 이들, 우리가 어떻게 뭔가를 느끼는 존재가 되었는지를 알고 싶은 이들에게 이 책은 필독서가 될 것이다.

— **문규민** 중앙대학교 인문콘텐츠연구소 HK 연구교수

"연극의 생명은
공연이 시작되는 순간 끝난다."

— 피터 브룩

일러두기

- 원문에서 이탤릭체로 강조된 부분은 한글의 가독성을 고려해 볼드체로 표기했다.

이 책에 사용된 용어에 관하여

오늘날 가장 도전적이면서도 탁월한 신경과학자 중 한 명으로 평가받는 안토니오 다마지오는 지난 수십 년간 수많은 저작을 통해 일반 대중에게 의식, 자아, 느낌, 정서 등 신경과학과 뇌과학의 핵심 개념들에 관한 자신의 이론을 알려오고 있다. 하지만 다마지오의 저작과 강연에서 사용되는 단어들은 일상생활에서 보편적으로 사용되는 의미와는 조금 다른 경우가 있어 독자들에게 혼란을 주곤 한다. 심지어 다마지오의 용어 사용은 신경과학 전공자 사이에서도 논쟁을 불러일으키기도 한다. 이런 용어 사용이 익숙한 독자들도 있겠지만, 처음 다마지오의 책을 접하는 독자들의 이해를 돕기 위해 다마지오가 이 책에서 사용한 용어들을 번역자의 입장에서 정리해보았다.

다마지오의 다른 책들에서처럼 일반 독자가 가장 혼란스러워하는 부분은 정서, 감정, 느낌, 정동 등 서로 매우 비슷해 보이는 용어들에 대한 다마지오의 정의다. 사실, 이 용어들에 대한 다마지오의 정의와 구분을 이해해야 순조로운 독서가 가능해진다.

먼저 'emotion'이라는 용어를 살펴보자. 'emotion'은 감정, 감성, 정서 등 다양한 말로 번역된다. 이 책에서는 (역자가 기존에 번역했던 다른 책들에서처럼) '정서'라는 용어로 번역했다. 옥스퍼드 영어사전에 따르면 'emotion'이라는 단어는 '밖'을 뜻하는 라틴어 어근 'e(ex)'와 '움직이다'라는 뜻의 동사 'movere'가 합쳐져 생겨난 말이다. 즉, 안에 있는 어떤 것이 밖으로 움직인다는 의미를 담고 있다. 하지만 다마지오의 정의는 이런 일반적인 정의와는 조금 다르다. 다마지오는 뇌 안의 뉴런들을 활성화하는 모든 외부 자극과 내부 자극에 대한 무의식적 반응을 'emotion'(정서)이라고 정의한다. 다마지오는 철저하게 유물론적인 관점에서 정서에 대한 정의를 내리고 있다.

정서는 시각, 청각, 촉각처럼 일상생활 어디에나 존재하지만, 뇌과학이 정서에 주목한 것은 비교적 최근의 일이다. 정서라는 용어가 일반인들과 학자들 모두에게 혼란을 주는 이유가 여기에 있을 것이다. 예를 들어, 정서라는 단어에는

'특정한 행동 패턴'이라는 의미와 '그 패턴과 연관된 마음의 상태'(즉, 느낌)라는 의미가 모두 들어 있다. 게다가 일반적으로 정서는 느낌에 의해 촉발된다고 생각된다. 하지만 다마지오에 따르면, 정서와 '정서에 대한 느낌'은 사물이나 상황이 특정한 행동을 유발할 때 시작되는 기능적 과정의 전혀 다른 두 가지 측면이다. 느낌이라는 절차를 정서의 원인이 되는 대상의 관념을 떠올리는 절차와 명확하게 구분한 것이다. 즉, 정서가 먼저 나타나고 그다음에 느낌이 나타난다는 것이 다마지오의 주장이다.

진화 과정을 통해 정서는 생명 조절을 위한 도구로 사용되어 왔다. 즉, 유기체의 항상성 명령을 따른다는 뜻이다. 정서는 유기체가 위험을 피하고 기회를 활용할 수 있는 자연스러운 도구를 제공함으로써 유기체의 생존과 개체와 집단의 안녕에 기여한다. 정서의 이런 역할은 인간과 동물에게서 동일하게 나타난다. 하지만 인간에게서 정서는 문화적인 관습·규칙과 충돌하기도 한다. 이 경우 정서는 위협적인 존재가 될 수도 있다. 요약하면, 정서가 진화 과정에서 윤리적인 행동이 형성되는 데 도움을 준 것은 사실이지만, 윤리의 영향을 받는 결정의 대체물은 아니라는 뜻이다.

이제 'feeling'에 대해 살펴보자. 일반적으로 이 단어는 느낌, 기분, 감정 등 여러 가지로 번역되지만, 이 책에서는 '느낌'이라는 용어로 통일했다. 역시 이 용어에 대한 다마지오의 정의는 일상생활에서 사용되는 느낌이라는 단어와는 그 의미가 좀 다르다. 다마지오는 느낌은 배고픔, 목마름, 고통 같은 원초적 상태와 공포, 분노 같은 정서적 상태 다음에 발생하거나 그와 동시에 발생하는 마음의 무의식적 상태라고 정의한다. 다마지오는 얼마 전까지만 해도 신경과학자들조차 느낌은 사적인 경험이기 때문에 과학의 경계 저편에 있고 영원히 신비로운 영역으로 남아 있을 것이라는 선입견에 빠져 있었다고 말한다.

느낌은 적응 행동에서 매우 큰 역할을 하며, 정서의 이점을 의식적인 행동의 영역으로 확장한다. 느낌은 정서 과정이 아무 필요 없이 나타난 결과가 아니라는 뜻이다. 실제로 다마지오는 "태초에 있었던 것은 말이 아니라 느낌"이라고 말한다. 이성도, 유전자도 생기기 이전에 느낌이 생명 활동을 촉진하는 메커니즘으로 존재했다는 주장이다. 뇌도, 세포핵도 없는 단세포동물 박테리아가 수십억 년을 살아남을 수 있었던 것은 오로지 느낌 덕분이었다는 게 그의 논리다.

다마지오는 의식의 출현이 세 가지 요소에 의존한다고 생각한다. '정서', '느낌', '느낌에 대한 느낌'이 그것들이다. 다마지오에 따르면 정서는 감각질에 대한 무의식적인 뉴런 반응들의 집합이다. 자극에 대한 이런 복잡한 반응들이 유기체 내에서 변화를 일으키고, 그 변화는 외부에서 관찰이 가능하다. 한편, 느낌은 유기체가 외부 자극 또는 내부 자극의 결과로 경험하는 변화들을 인식하게 될 때 발생한다. 다마지오에 따르면 느낌은 다양한 마음속 사건들이 일정한 역할을 하는 생물학적 과정의 결과로 발생하는 특정한 마음 상태라고 할 수 있다.

'정동'이라는 용어는 'affect'를 번역한 것이다('affect'는 '감정'이라는 용어로 번역되기도 한다). 심리학에서 정동은 느낌 feeling, 정서emotion, 기분mood에 대한 잠재된 경험을 말한다. 일반적으로는 외부 자극에 대하여 생리적인 수준에서부터 심리적인 수준에 이르는 긍정적 또는 부정적 반응을 뜻하지만, 다마지오는 "정동은 느낌으로 변화되는 아이디어들의 세계"라고 정의한다. 다마지오는 《스피노자의 뇌》에서도 인간의 충동drive, 동기motivation, 정서, 느낌을 스피노자가 정동으로 통칭한 것으로 보았다. 이는 정동의 신체성을 강조한 정의라고 할 수 있다. 유물론자인 다마지오는 정동이야말로 "인간성의 중심"이라고 주장한다. 다마지오에 따르면 인간은 느낌을 통해 내부에서 일어나는 생명현상을 지각할 수 있으며, 그 지각은 정동으로 드러난다.

이 책의 원제 일부인 '앎knowing'에 대해서도 살펴보자. 다마지오에 따르면 의식은 '느낌을 안다는 느낌'이다. 핵심 의식core consciousness은 유기체가 자신의 몸 상태가 자신의 경험, 즉 정서에 대한 반응에 의해 영향을 받고 있다는 것을 느낄 때 발생한다. 우리는 우리 유기체가 대상에 의해 변화되었다는 특정한 종류의 비언어적 지식을 우리 유기체가 내부적으로 구축하고 내부적으로 드러낼 때, 이런 지식이 대상을 내부적으로 두드러지게 드러내면서 나타날 때 의식을 갖게 된다. 이 지식의 가장 간단한 발생 형태가 바로 '느낌을 안다는 느낌'이라는 것이 다마지오의 주장이다.

다마지오의 뇌과학은 느낌으로 시작하여 앎으로 향하고 있다. 다마지오는 안와전전두엽에 종양이 생긴 환자를 관찰하면서 감정이 거의 사라진 사람은 생존에 중요한 판단력이 흐려짐을 알게 된다. 올바른 선택을 하는 판단력은 이성이 아니라 감정에서 생긴다는 결론에 도달한다. 신체와 정신을 분리하여 이성의 역할을 강조한 데카르트의 이원론은 틀렸다고 주장한다. 다마지오는《데카르트의 오류》라는 책에서 감정과 느낌은 신체 상태 정보를 신경시스템이 처리하는 과정에서 생기며 항상성 정보의 핵심임을 설명한다. 다마지오가 뇌의 작용을 보는 관점은 항상성이라는 단어의 정의 속에 모두 담겨 있다.

항상성은 생물이 생존 가능한 영역에 머물도록 해주는 생물의 능력이다. 항상성이 유지되는 동안만 생물의 생명현상이 작동될 수 있다. 생명 현상에서 출현한 항상성은 자동적 항상성과 확장된 항상성 두 가지가 있다. 자동적 항상성은 세포 수준의 대사작용, 면역반응, 조건반사의 세 가지 작용에서 시작한다. 박테리아와 진핵세포에서 항상성 작용은 생화학 분자 작용에서 쾌감과 통증을 일으켜 접근과 회피반응이 가능해진다. 접근과 회피반응이 다세포 생물에서는 충동과 동기를 유발하여 동물의 반사적 동작이 나온다. 충동과 동기는 1차 의식이 출현하는 포유동물에서 초기 감정상태를 만든다.

다마지오는 동물과 인간의 원초적 감정을 신체상태에 관한 배경정서, 사회적 관계에서 출현하는 사회적 정서 그리고 거친 1차 감정으로 구분한다. 동물적 1차 감정은 몸과 내부장기의 신체상태 정보가 비의식상태 처리 과정인 정동에서 생겨난다. 쾌감과 불쾌감의 1차 감정이 대뇌피질의 인지적 해석을 통해서 느낌상태를 만든다. 통증과 쾌감의 정동적 신체반응이 사회적 개념으로 해석되어 감정이 된다. 반사적 속성의 거친 감정들이 대뇌피질에서 기억과 인식작용에 의해 재인식되면서 느낌이 생성된다.

다마지오는 느낌이 생성되는 과정을《느낌의 진화》라는 책에서 구체적이고 종합적으로 설명한다. 느낌, 의식, 자아를 이미지의 생성과 처리 과정으로 설명한다. 인간이 생성하는 내부장기 이미지, 몸 이미지, 외부 이미지의 세 가지이다. 오래된 내부장기는 내분비 시스템의 화학분자들을 분비하여 몸 전체의 항상성을 유지한다. 내부장기의 통합적 항상성 체계인 내분비계, 순환계, 면역계의 작용이 가장 오래된 생존 작용으로 인간의 본능적 욕구를 담는 내부 이미지를 생성한다. 내부장기의 내부 이미지 정보는 정동에서 감정 그리고 최종적으로 느낌을 만든다. 몸 이미지는 척추동물 움직임에서 진화한 근육과 골격 움직임의 이미지이며 피부 촉각이 몸 이미지의 경계를 구성한다. 외부세계의 이미지는 감각입력의 시각, 청각, 촉각이 대뇌피질에서 신경회로의 패턴인 지도를 만들고 시각의 형태, 색깔, 움직임이 개별 지도들이 결합하여 시각 이미지가 생성된다.

시각과 청각이 이미지가 결합하여 외부 세계의 사물과 사건의 감각 이미지가 만들어지고 외부 세계의 이미지 대뇌 후두엽의 감각 연합피질에서 생성된다. 내부장기의 내부 이미지 정보가 혈액을 통해서 시상하부로 입력되어 대뇌피질의 외부 대상 이미지에 영향을 준다. 내부 이미지에서 시작하는 느낌이 외부세계 이미지와 결합하게 된다. 외부 세계 이미지와 자신의 내부에서 생성된 느낌이 결합하여 의식이 출현하며 몸 이미지와 내부 이미지가 외부 이미지와 결합하여 자아의식이 생겨난다.

이처럼 다마지오의 이미지 이론은 느낌과 의식 그리고 자아의식을 설명하는 과정이 《데카르트의 오류》, 《스피노자의 뇌》, 《느낌의 진화》라는 세 권의 저술에서 자세히 설명된다. 다마지오는 느낌에서 출발하는 자신의 의식에 관한 이론을 이 책을 통해 느낌에서 앎으로 더 나아간다. 박테리아와 세포 수준에 일어나는 자동적 항상성의 세계가 바로 생명 존재 그 자체이다. 자동적 항상성은 생물전기현상의 정교한 기계장치에 의해 자동적으로 유지되는 항상성이다. 확장된 항상성은 느낌에서 생겨나는 의식이 출현해야만 가능해지는 항상성이다.

인간이 만든 복잡한 사회와 문화에서 생겨나는 예상하기 힘든 상황에 대응하는 과정에서 진화한 확장된 환경 적응 능력은 인간 고유의 특질이다. 확장된 항상성이 외부 세계 이미지에 신체 이미지와 내부 장기 이미지와 결합하면서 이미지의 소유권, 즉 자아가 생성된다. 자아 이미지는 느낌을 동반하고 느낌으로 채색되는 정보가 많아지면서 의식이 출현한다. 의식 상태는 대뇌 피질의 광범위한 기억을 즉시에 통합해 준다. 내부장기의 내수용 감각, 근골격계의 고유감각, 대뇌감각피질의 외부감각이 통합하여 의식적 느낌과 자아가 작동한다. 공포 방어생존 반응을 오랫동안 연구한 뇌 과학자 조지프

르두도 느낌의 생성과정을 감각입력 처리, 뇌 각성상태, 신체 피드백, 방어 생존회로, 기억이 모두 참여하는 인간 뇌의 핵심작용으로 설명한다.

기억된 이미지의 공통부분이 개념이 되고 이미지가 부호로 전환되어 언어가 출현한다. 이미지가 언어로 표상되면서 대규모의 정보에 신속하게 접근하게 된 상태가 바로 의식이다. 인간은 확장된 항상성인 느낌과 의식의 작용으로 통합된 정보를 즉시에 이용할 수 있는 유일한 종이 되었다. 통합된 정보가 바로 지식이며 앎의 세계이다. 그래서 다마지오의 뇌과학은 존재에서 느낌으로 느낌에서 앎으로 나아간다. 알았다는 상태가 바로 의식이다. 그래서 의식은 지식이다.

뇌과학의 마지막 질문은 의식의 실체를 밝히는 연구이다. 의식의 감각질 문제는 뇌의 전기 화학적 현상이 어떻게 현상적 실체인 느낌을 만들어 내는가의 절벽처럼 어려운 문제이다. 신경세포의 전압펄스가 어떻게 통증과 쾌감이라는 의식이 되는가의 질문이다. 의식의 실체를 밝히려고 뇌 과학자들은 다양한 접근방식으로 집요하게 탐구했다.

의식에 관한 연구는 에델만의 1차 의식과 고차의식 모델, 토로니의 의식의 정보통합이론, 르두의 의식의 다중상태 계층모델이 학계의 주목을 받고 있다. 다마지오의 의식에 관한 이론에서는 항상성을 바탕에 두고 변화하는 환경에 적응하는 과정에 확장된 항상성 상태인 느낌이 출현한다. 다마지오가 평생 추구해온 뇌 과학은 존재에서 느낌으로 느낌에서 앎으로 진행한다.

이 책에서 마지막 결론은 '의식은 지식이다'로 요약되며 이때 지식은 정보이다. 다마지오의 의식이 곧 지식이라는 주장은 에델만의 "의식은 고등한 분별이다"라는 주장과 같은 맥락이다. 다마지오는 박테리아의 비명시적 의식에서 인간의 확장된 의식까지를 설명하면서 인간의 확장된 의식이 가능하려면 명시적으로 이미지 패턴을 처리해야 한다고 말한다. 명시적 정보처리는 시각작용처럼 공간성이 확보되어야 가능하다. 인간 감각피질에서 외부 대상과 사건에 시각과 청각의 원격감각 처리가 증가하면서 현재 감각입력과 이전 기억을 비교하면서 지각, 개념, 의미가 출현한다. 그래서 대상과 기억 사이의 공간성으로 의식적 명시성이 출현한다고 다마지오는 주장한다. 대뇌피질의 제한된 공간에 새로운 기억이 저장되려면 이전 기억들은 배열을 바꾸어야 한다.

감수자의 의견을 조금 추가하면 결국 인간의 뇌는 기억이라는 공간적 배열을 동적으로 바꾸면서 외부 환경의 변화하는 이미지를 만든다. 사물과 사건에 대한 이미지 배열의 지속적인 재배열을 통해 제한된 공간에서 시간 의식이 출현한다. 기억 공간에서 가능한 배열의 수가 바로 지식이며 의식이 된다. 이미지 패턴의 배열의 숫자는 물리학에서 엔트로피가 된다. 결국 의식을 향한 뇌 과학은 엔트로피라는 개념을 통해 물리학과 만나게 될 수 있다. 다마지오는 이미지, 느낌, 의식에 관한 평생의 연구를 이 책에서 간략하고 핵심적으로 설명한다. 이런 책은 한 페이지를 읽고 한동안 창밖을 바라보고 싶다. 우리 자신과 세계가 어떻게 출현하게 되었는지를 알고 싶은 모든 분들에게 이 책의 숙독을 권하고 싶다.

— 박문호

1

이 책을 쓰게 된 동기는 조금 특이하다. 내가 오랫동안 누려온 특혜와 적지 않게 느껴왔던 좌절이 나로 하여금 이 책을 쓰게 만들었다. 내가 누린 특혜는 두꺼운 논픽션을 통해 복잡한 과학적 아이디어들을 설명해야 할 필요가 있을 때 그렇게 할 수 있었던 것이다. 좌절이라 함은 그동안 내 책들을 읽은 많은 독자들이 내가 열정을 가지고 한 긴 설명을 따라가는 과정에서 내가 전달하려고 했던 내용들을 즐기기는커녕 제대로 이해하기 어려웠다는 얘기를 했을 때 느낀 감정이다. 그런 이야기를 들을 때마다 나는 결합조직이나 스캐폴드 단백질(인체 내부의 신호 전달에서 매우 중요한 조절 역할을 하는 단백질)처럼 복잡한 내용은 빼고 내가 가장 중요하다고 생각하는 아이디어들에 대해서만 다루는 책을 써야겠다고 결심했다. 하지만 그 작업은 계속 뒤로 밀리곤 했다. 간단하게 말하자면, 나는 훌륭한 시인이나 조각가처럼 핵심적이지 않은 부분들은 최대한 가지치기해 핵심만 담은 작품을 만들어내고 싶었다.

그러던 중 마침 판테온 출판사의 편집자 댄 프랭크가 '의식'에만 초점을 맞춘 매우 간단명료한 책을 써보라고 권유했고, 나는 그의 제안을 흔쾌히 받아들였다. 이 책은 의식만을 다루고 있지 않다는 점에서는 프랭크가 요청한 바와 정확하게 일치하지 않지만, 그 외에는 그의 제안에 매우 충실한 책이다. 수많은 소재를 다듬어 간결하게 정리하는 과정에서 나는 그동안 간과했던 사실들에 대해 다시 생각하게 됐고, 그 과정에서 의식뿐만 아니라 의식과 관련된 다른 과정들에 대해서도 새롭게 통찰할 수 있었다. 이런 발견을 위한 여정이 결코 순탄하지만은 않았다.

생물학, 심리학, 신경과학 분야의 수많은 중요한 문제들을 먼저 고려하지 않은 채 의식이 무엇인지, 의식이 어떻게 발달했는지 이해하는 것은 불가능하다.

이 중 가장 먼저 생각해야 하는 문제는 **지능**과 **마음**이다. 우리는 지구에 사는 생명체 중 박테리아 같은 단세포생물이 가장 많다는 사실을 알고 있다. 단세포생물에게는 지능이 있을까? 단세포생물은 확실히 지능을 갖고 있다. 그렇다면 단세포생물에게는 마음이 있을까? 나는 그렇지 않다고 생각한다. 또한 나는 단세포생물에게는 의식도 없다고 생각한다. 단세포생물은 자율적autonomous 생명체다. 단세포생물은 주변 환경에 대한 일종의 '인지cognition'능력을 확실히 가지고 있지만, 이는 마음과 의식에 따른 것이 아니라 분자 수준 이하의 과정에 기초해 항상성의 명령에 따라 자신의 생명을 효율적으로 지배하는 **비명시적 능력**non-explicit competence에 의존한다.

그렇다면 인간은 어떨까? 우리는 단순히 마음만을 가지고 있을까? 결코 그렇지 않다. 우리는 패턴화된 감각 표상인 이미지들이 있는 마음을 가지고 있다. 이와 더불어서 단순한 생명체들에게 있는 비명시적 능력도 **같이** 가지고 있다. 우리 인간을 지배하는 것은 두 가지 종류의 인지능력에 의존하는 두 가지 종류의 지능이다. 첫 번째 지능은 인류가 오랫동안 연구하고 간직해온 지능이다. 이 지능은 추론과 창의성에 기초하며, 우리가 흔히 '이미지'라고 알고 있는, 정보의 명시적 패턴의 조작에 의존한다. 두 번째 지능은 박테리아에서 발견되는 비명시적 유형의 지능이다. 이 지능은 지구에 사는 생명체 대부분이 그동안 의존해왔고, 앞으로도 의존하게 될 지능이다. 이 지능은 마음으로는 관찰할 수 없는 지능이다.

두 번째로 생각해야 하는 문제는 느낄 수 있는 능력에 관한 것이다. **어떻게 우리는 쾌락과 고통, 건강과 질병, 행복과 슬픔을 느낄 수 있을까?** 이 질문에 대한 전통적인 답은 잘 알려져 있다. 우리가 느낄 수 있도록 해주는 것은 뇌이며, 우리는 특정한 느낌을 일으키는 특정한 메커니즘을 연구하기만 하면 된다는 답이다. 하지만 내 연구의 목표는 특정한 느낌의 화학적 또는 신경적 상관물을 규명하는 것이 아니다. 이를 밝혀내려는 노력은 신경생물학 분야에서 어느 정도 성공적으로 이루어진 상태이기 때문이다. 나의 목표는 다르다. 나는 **몸이라는 물리적 영역**에서 분명하게 일어나는 과정을 **마음속에서 경험하게 해주는** 기능적 메커니즘에 대해 알고자 한다. 물리적인 몸에서 마음속 경험으로의 흥미진진한 급선회는 뇌의 중재, 구체적으로는 뉴런이라는 물리적·화학적 장치의 활동에 의해 일어난다고 생각되고 있다. 이런 놀라운 전환을 일으키는 데 신경계의 역할이 필수적인 것은 분명하다. 문제는 이런 전환이 **신경계만의 활동 결과라는 증거가 없다**는 데 있다. 실제로, 물리적인 몸이 마음속 경험을 하도록 만드는 이런 전환에 대해서는 설명이 불가능하다고 생각하는 학자들이 많다.

이 중요한 의문에 대해 대답하기 위해 나는 두 가지 관찰 결과에 집중했다. 하나는 내수용감각 신경계interoceptive nervous system(몸에서 뇌로의 신호 전달을 담당하는 신경계)의 독특한 해부학적·기능적 특성들을 관찰한 결과다. 내수용감각 신경계는 다른 감각 경로들과 근본적으로 다른 신경계로, 이 신경계의 해부학적·기능적 특징들이 일부 규명된 상태이긴 하나 그 중요성은 간과되어 왔다. 하지만 이 특징들은 몸을 경험하는 데 결정적인 역할을 하는, '몸 신호'와 '신경 신호'의 특이한 혼합에 대한 설명을 가능하게 한다.

몸이 신경계를 완전히 포함하고 있다는, 몸과 신경계 사이의 독특한 관계에 대한 관찰 결과도 상당히 중요하다. **뇌를 핵심으로 하는 신경계는 완전히 몸의 영역 안에 위치하며, 몸을 완전히 파악하고 있다. 그 결과, 몸과 신경계는 직접적이고 풍부한 상호작용을 한다.** 그 어떤 외부 세계와의 관계도 우리 유기체와 우리 신경계의 관계만큼 밀접하지 않다. 이런 특수한 관계 때문에 놀라운 결과가 발생한다. 느낌은 전통적인 생각과는 달리, 몸에 대한 지각에 불과한 것이 아니라 몸과 뇌 모두에 대한 지각이 합쳐진 **혼합물**인 것이다.

느낌을 이런 혼합물로 생각하면, **느낌과 이성이 근본적으로 차이가 있음에도 서로 대립하지 않는 이유, 우리가 생각하며 느끼는 생명체인 동시에 느끼면서 생각하는 생명체인 이유**에 대한 설명이 가능해진다. 우리는 상황에 따라 느끼거나 추론을 하면서 또는 그 둘을 모두 하면서 삶을 살아간다. 인간은 명시적 지능과 비명시적 지능, 느낌과 이성을 각각 또는 같이 풍부하게 활용함으로써 자연스럽게 이득을 얻는다. 지능이 뛰어나면 인간은 같은 인간과 다른 생명체들에게 도움을 주지는 않더라도, 살아가는 데 확실히 유리해진다.

최근의 중요한 발견들 덕분에 우리는 의식을 직접적으로 다룰 준비가 됐다. **뇌는 우리가 우리 존재, 우리 자신과 명확하게 관련짓는 마음속 경험을 우리에게 어떻게 제공할까?** 가능한 답 중 하나는, 뒤에서 다루겠지만, 매우 간단하다.

2

먼저 심적 현상을 내가 어떻게 연구하는지 간단하게 말해야겠다. 일단 나는 심적 현상 그 자체에 대한 연구를 먼저 한다. 피험자가 스스로 자신의 마음속을 들여다보고(내성법, introspection) 그 관찰 결과를 말하게 하는 것이다. 내성법에는 한계가 있지만, 내성법을 대체할 만한 방법도, 그 정도의 효과를 내는 방법도 없는 것이 사실이다. 내성법은 우리가 이해하고자 하는 현상을 직접 들여다볼 수 있는 유일한 창문 역할을 한다. 윌리엄 제임스, 지크문트 프로이트, 마르셀 프루스트, 버지니아 울프 같은 천재들에게 과학적 · 예술적 영감을 제공한 방법이기도 하다. 내성법을 이용한 이 천재들의 업적은 100년이 넘은 지금, 상당한 진전이 이루어졌음에도 불구하고 여전히 대단한 위치를 차지하고 있다.

내성법으로 얻은 결과들은 심적 현상들을 파악하기 위한 다른 방법들, 즉 (1) 행동적 표현과 (2) 생물학적, 신경생리학적, 물리화학적, 사회학적 상관물들에 집중한 측면 연구 방법들의 결과와 합쳐져 더 풍성해지고 연결성이 강화될 수 있다. 최근 몇십 년 동안의 기술적인 진보로 이런 측면 연구 방법들은 비약적으로 발전해 상당히 강력한 연구 도구가 됐다. 여러분이 읽을 이 책은 이런 공식적인 과학적 방법들과 내성법으로 관찰한 결과들을 통합한 내용에 기초해 쓰였다.

자기 관찰의 결함이나 분명한 한계에 대한 지적, 심적 현상을 다루는 과학이 가지는 간접적인 속성에 대한 지적은 별 의미가 없다. 이런 방법들 외에는 다른 방법이 없는 데다, 현재 이런 방법들의 결함과 한계를 최소화하기 위한 최첨단의 다면적 기법들이 상당히 많이 개발된 상태이기 때문이다.

마지막으로 해두고 싶은 말이 있다. 이런 다면적 접근 방법으로 발견한 사실들은 반드시 해석이 필요하다는 점이다. 이 사실들은 사실을 가능한 한 가장 잘 설명하기 위한 아이디어와 이론을 위한 것이기 때문이다. 어떤 아이디어나 이론은 사실과 매우 잘 맞아떨어지면서 설득력을 갖기도 한다. 하지만 그럴 때도 실수를 해서는 안 된다. 설득력이 있는 아이디어나 이론도 어디까지나 가설로만 여겨야 하고, 실험을 거쳐야 하며, 근거의 존재 여부를 확인해야 한다. 이론이 매력적이라고 해도 검증된 사실과 혼동해서는 안 된다. 반면, 심적 사건 같은 복잡한 현상을 연구하다 보면 검증해낼 가능성이 전혀 없는 경우도 생기는데, 그런 상황에서는 그럴 수도 있다는 가능성에 만족하는 것에 머무를 수밖에 없다.

차례

Contents

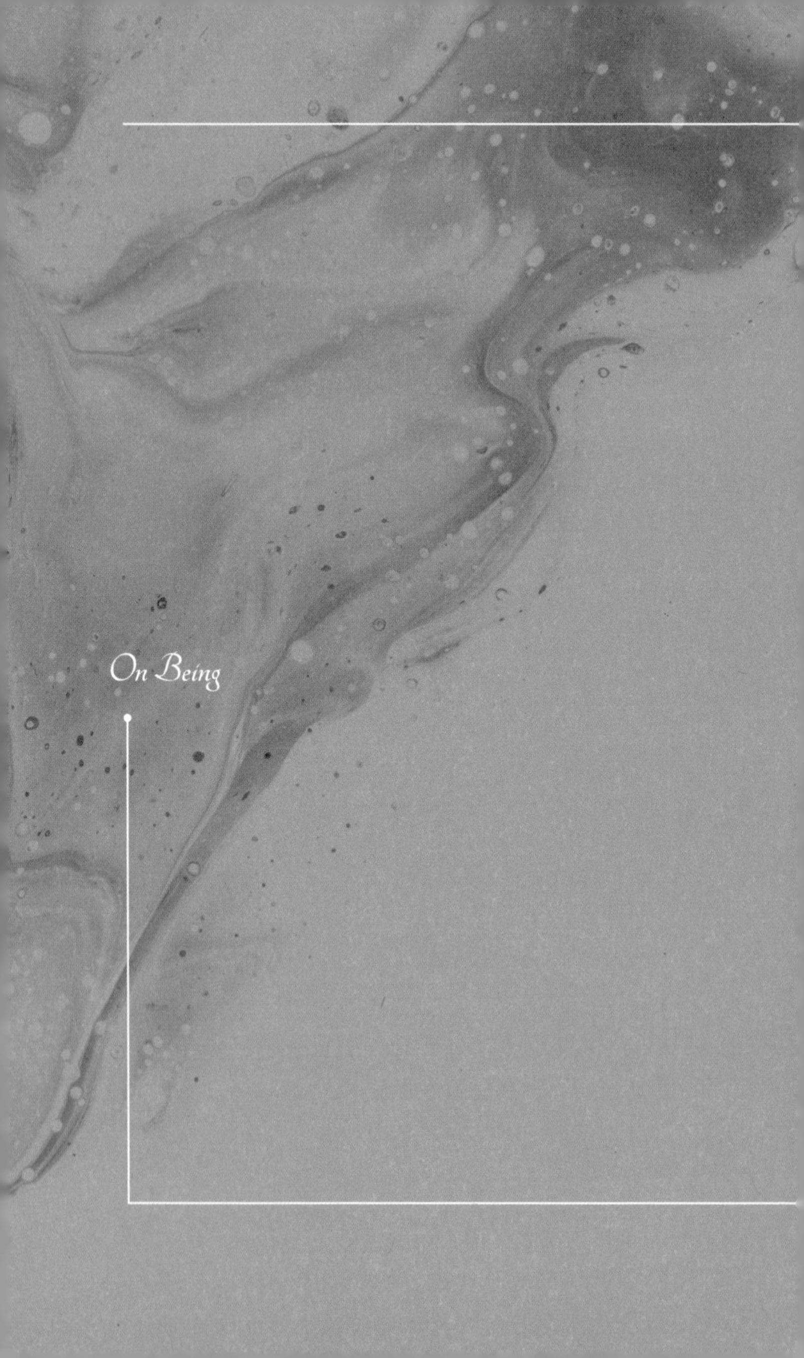

On Being

1장

존재에 관하여

태초에 말씀이 없었다

태초에 말씀이 없었다. 확실하다. 그 까닭은 생명체가 사는 우주가 단순했기 때문이 아니다. 오히려 그 반대다. 우주는 40억 년 전, 처음 생겨날 때부터 복잡했다. 생명은 말이나 생각, 느낌이나 이성, 마음이나 의식 없이도 계속됐다. 하지만 그러면서도 생명체들은 다른 생명체들과 주변 환경을 감각했다. 감각sensing이라는 말은 다른 완전한 생명체의 '존재', 다른 생명체의 표면에 위치한 분자의 '존재', 다른 생명체가 분비한 분자의 '존재'를 감지detecting한다는 뜻이다. 감각은 지각perceiving이 **아니다**. 또한 감각은 다른 어떤 것에 기초한 '패턴'을 구축해 그 다른 어떤 것의 '표상representation'을 만들어내고 마음속에서 '이미지'를 만들어내는 것이 **아니다**. 오히려 감각은 인지의 가장 기본적인 형태다.

이보다 훨씬 더 놀라운 것은 생명체가 자신이 감각하는 것에 **지능적으로**intelligently 반응했다는 사실이다. 지능적으로 반응했다는 것은 그 반응이 생명체의 지속에 도움을 주었다는 뜻이다. 예를 들어보자. 생명체가 감각한 것이 문제를 일으켰을 때의 지능적인 반응은 그 문제를 해결하는 것이었다. 하지만 더 중요한 것은 이런 단순한 생명체들의 지능적인 반응은 오늘날 우리의 마음이 이용하는 명시적 지식, 즉 표상과 이미지를 필요로 하는 지식에 의존하지 않았다는 사실이다. 이런 지능적인 반응은 생명 유지가 유일한 목적인 비명시적인 능력에 의존한 것이었다. 이 비명시적 지능은 **항상성** 유지를 위한 법칙과 조절 방식에 따라 생명을 유지하는 역할을 했다. 그렇다면 항상성이란 무엇인가? 항상성은 설명도 없고 그림도 없는 특이한 지침들에 따라 가차 없이 시행되는 규칙들의 집합이라고 할 수 있다. 이 항상성 규칙들은 생명체가 생존을 위해 의존했던 요소들(영양분의 존재, 특정한 온도나 산성도 수준 등)이 최적의 범위 안에서 유지되도록 해준다.

다시 한번 잊어버리지 말자. 태초에는 말도 글도 없었다. 생명 조절을 위한 가혹한 매뉴얼에서도 그랬다.

생명의 목적

생명의 목적에 대한 이야기는 조금 불편할 수 있다. 하지만 살아 있는 유기체 각각의 순수한 관점에서 생각해본다면, 생명은 하나의 분명한 목적과 분리될 수 없다. 바로 노화로 인해 죽음을 맞기 전까지 생명을 유지한다는 목적이다.

생명을 유지하는 가장 직접적인 방법은 항상성의 명령에 따르는 것이다. 항상성의 명령은 생명이 초기 단세포생물에서 처음 꽃피었던 때부터 생명을 가능하게 만든 조절 과정들의 정교한 집합이다. 그 후 약 35억 년이 지나 다세포생물과 다체계 생명체가 번성하게 되자 항상성은 신경계라는, 새롭게 진화한 조절 장치의 도움을 받게 됐다. 이 신경계가 행동을 조절하고 패턴(신경세포의 활성 패턴)을 나타낼 수 있는 무대가 마련된 것이었다. 그 후 지도(여기서 '지도'란 신경세포들의 연결 관계와 활성 패턴을 나타내는 뇌 내 비물리적 공간을 말한다-옮긴이주)와 이미지가 등장했고, 그 결과로 마음이 나타났다(신경계는 느낌과 의식 있는 마음을 가능하게 만들었다). 그 후 몇 억 년에 걸쳐서 점차적으로 항상성은 부분적으로 마음의 지배를 받기 시작했다. 이제 생명이 이전보다 훨씬 더 잘 관리되기 위해 필요한 것은 기억된 지식에 기초한 창의적 추론뿐이었다. 이렇게 마음이 항상성을 지배하는 정도가 높아진 상황에서 각각 중요한 역할을 하게 된 것이 바로 느낌과 창의적 추론이다. 또한 이런 전개는 생명의 목적을 확장했다. 단순한 생명 유지에서 생명체가 지능을 이용해 스스로 무언가를 만들어낸 경험에서 얻은 풍성한 행복감을 동반한 생존으로 생명의 목적이 확장된 것이다.

생존의 목적과 항상성 명령은 오늘날에도 유효하다. 박테리아 같은 단세포생물과 인간 모두에게서 그렇다. 하지만 그 과정에 도움을 주는 지능의 유형은 단세포생물과 인간이 서로 다르다. 단순하고 마음이 없는 생명체들은 비명시적, 비의식적 지능만을 이용할 수 있기 때문이다. 이 생명체들의 지능은 명시적 표상이 만들어내는 풍성함과 힘이 없다. 반면, 인간은 두 종류의 지능을 모두 가지고 있다.

생명과 서로 다른 종들이 의존하는 지능의 종류에 대해 연구하다 보면, 각각의 종들이 이용하는 서로 다른 특정한 전략들이 어떤 것인지 파악하고 그 전략들로 구성되는 기능적 과정에 이름을 붙여야 할 필요를 느끼게 된다. **감각(감지)**은 그 중에서 가장 기초적인 것이며, 나는 모든 생명체에 감각이 존재한다고 생각한다. 다음 단계는 **마음 작용**minding이다. 마음 작용은 마음의 핵심적인 구성 요소인 신경계, 표상과 이미지의 생성을 필요로 한다. 심상mental image은 시간을 따라 끊임없이 흐르며, 무한히 조작돼 새로운 이미지들을 만들어낸다. 앞으로 읽게 되겠지만, 마음 작용은 **느낌**과 **의식**을 위한 길을 연다. 이런 중간 단계들을 집요하게 구분하지 않는다면 의식을 규명할 수 있는 가능성은 별로 없다.

곤혹스러운 존재, 바이러스

지능적이지만 마음이 개입되지 않은 능력에 대해 언급하다 보면 바이러스에 관한 풀리지 않은 의문들과 바이러스 때문에 인류가 겪었던 비극이 떠오른다. 우리는 소아마비, 홍역, HIV, 계절성 독감을 통제하는 데 성공했지만, 바이러스는 여전히 과학적·의학적으로 인류에게 굴욕감을 선사한다. 우리는 여전히 바이러스 유행병에 대한 대비에 소홀하며, 바이러스에 대한 확실한 과학적 지식을 갖고 있지 않으며, 바이러스가 미치는 영향에 효과적으로 대처하는 방법도 모른다.

우리는 진화 과정에서 박테리아가 한 역할, 박테리아와 인간과의 상호의존성에 대해 많은 것을 밝혀낸 상태다(이 상호의존성은 대부분 인간에게 이로운 것이다). 이 미생물들의 존재는 인간을 이해하는 방식의 일부가 됐다. 하지만 바이러스는 전혀 상황이 다르다. 문제의 시작은 바이러스를 분류하는 방식과 생명의 효율성에 바이러스가 어떤 영향을 미치는지에 대한 이해에 있다. 바이러스는 살아 있는 존재일까? 그렇지 않다. 바이러스는 살아 있는 유기체가 아니다. 그렇다면 왜 우리는 바이러스를 죽인다고 말할까? 생물계 전체에서 바이러스는 어디에 위치하는 것일까? 바이러스는 진화 과정에서 어떤 부분을 차지할까? 바이러스는 왜 그리고 어떻게 살아 있는 생명체에 해를 끼치는 것일까? 이런 의문들에 대한 대답은 대부분 불확실하고 모호하다. 바이러스가 인간에게 주는 고통이 얼마나 큰지 생각한다면 이 의문들에 대해 인간들이 얻어낸 답이 이런 수준밖에 안 된다는 사실이 놀라울 뿐이다. 그렇다면 바이러스와 박테리아를 비교해보자. 바이러스에는 에너지 대사 과정이 없는 반면, 박테리아에는 있다. 바이러스는 에너지나 폐기물을 생산하지 않지만, 박테리아는 생산한다. 바이러스는 운동을 일으킬 수 없다. 바이러스는 DNA나 RNA 같은 핵산과 특정 단백질의 혼합물에 불과하기 때문이다.

바이러스는 스스로 번식할 수 없지만, 살아 있는 생명체에 침투해 그 생명체의 생명 시스템을 장악하고 증식한다. 간단히 말하자면, 바이러스는 살아 있지 않지만, 살아 있는 생명체에 기생해 '유사' 생명을 유지한다. 이 과정에서 바이러스는 자신의 모호한 존재를 가능하게 하는 생명체를 파괴하고, '자신의' 핵산을 만들어 퍼뜨린다. 이쯤 되면, 살아 있는 생명체가 아님에도 불구하고 바이러스에게는 박테리아를 포함한 모든 살아 있는 생명체에 생기를 부여하는 비명시적 지능의 일부가 있다고 말할 수밖에 없다. 바이러스는 자신이 활동하기에 적합한 생명체에 침투했을 때만 숨겨진 능력이 나타나는 존재인 것이다.

몸과 신경계의 결합

신경계를 빼놓고 마음과 의식의 존재를 설명하는 이론은 실패할 수밖에 없다. 신경계는 마음, 의식 그리고 그 마음과 의식이 가능하게 하는 창의적 추론의 출현에 핵심적인 역할을 하기 때문이다. 하지만 **신경계**만으로 마음과 의식을 설명하는 이론 역시 실패할 수밖에 없다. 불행히도, 오늘날의 이론 대부분이 여기에 해당한다. 신경 활동의 측면에서만 의식을 설명하려는 이런 헛된 시도들은 의식이 설명할 수 없는 미스터리라는 생각에 부분적으로 기인한다. 우리가 의식이라고 알고 있는 것은 신경계가 있는 생명체에서만 완전한 형태로 나타나는 것이 사실이지만, 의식은 신경계의 핵심 부분(뇌)과 신경계와 관련이 없는, 몸의 다양한 부분들 사이의 풍부한 상호작용을 필요로 한다는 것도 사실이기 때문이다.

몸과 신경계와의 결합은 기초적인 생물학적 지능, 즉 항상성의 요구를 충족하면서 생명을 통제하며 궁극적으로는 느낌의 형태로 표현되는 비명시적 지능을 출현시켰다. 일반적으로 신경계가 있어야만 느낌이 완전한 형태로 출현한다는 사실이 이 근본적인 현실을 바꿀 수는 없다.

뒤에서 설명하겠지만, 몸과 신경계의 결합은 공간적 패턴이 **이미지**를 구축하는 방식으로 지식을 명시적으로 만들 수 있는 가능성을 높이기도 한다. 또한 신경계는 이미지 형태로 표상되는 지식을 기억으로 저장하는 데 도움을 주며, 회상·계획·추론을 가능하게 하는 이미지 조작을 위한 길을 열어준다. 궁극적으로는 상징과 새로운 반응, 인공적인 산물, 아이디어 등을 만들어내는 데도 도움을 준다. 또한 몸과 신경계의 이런 결합은 숨겨진 생물학적 지식, 즉 지능적인 생명 유지를 위한 필수적인 지식의 일부를 이용 가능하게 만들어주기까지 한다.

자연이 나중에 만들어낸 존재, 신경계

신경계는 생명의 역사에서 후반부에 등장했다. 생명의 역사에서 신경계는 어떤 면으로 봐도 핵심적인 위치를 차지하지 못했다고 볼 수 있다. 신경계는 생명체의 구조가 복잡해짐에 따라 높은 수준의 기능적 조절이 필요하게 되자 생명을 유지하는 데 도움을 주기 위한 목적으로 출현했다. 신경계는 신경계가 출현하기 전에는 존재하지 않았던 느낌, 마음, 의식, 명시적 추론, 음성언어, 수학 같은 복잡한 현상과 기능을 만들어내는 데 도움을 주었다. 신기하게도, 이런 '신경계가 가능하게 한' 새로운 현상과 기능은 그전부터 존재했던, 유일한 목적이 생명 유지인 비명시적 생물학적 지능과 비명시적 인지능력을 확장시켰다. 신경계가 가능하게 한 이런 새로운 현상과 기능은 생명체가 항상성 조절과 생명 유지를 더 확실하게 해내도록 만들었다. 신경계는 바로 이런 방식으로 구조가 복잡한 다세포생물과 다체계 유기체에게 요구되는 높은 수준의 기능적 조절을 가능하게 만들었다. 내분비계, 호흡계, 소화계, 면역계, 생식계 등 차별화된 체계를 갖춘 복잡한 다세포 생물은 신경계의 결정적인 도움을 받았으며, 신경계를 갖춘 유기체들은 신경계가 만들어낸 심상, 느낌, 의식, 창의성, 문화 등의 결정적인 도움을 받게 됐다.

신경계는 마음도 없고 생각도 없지만 개척자적인 시각으로 미리 앞을 내다보는 자연이 '나중에 생각해낸' 놀라운 결과물이다.

존재, 느낌, 앎에 관하여

생명체의 역사는 40억 년 전에 시작됐으며, 다양한 경로를 거쳐왔다. 나는 우리를 여기까지 이끈 생명의 역사가 서로 확연히 구분되면서도 연속적인 세 가지 단계로 이루어졌다고 말하고 싶다. 첫 번째 단계는 '**존재**being'의 단계다. 두 번째 단계는 '**느낌**feeling'의 단계다. 그리고 세 번째 단계는 일반적인 의미에서의 '**앎**knowing'의 단계다. 신기하게도, 현존하는 인간 개개인들의 발달 과정에서도 이와 똑같은 3단계가 나타나며, 단계들이 나타나는 순서도 동일하다. 존재, 느낌, 앎의 단계는 인간 개개인 안에 공존하는 분리 가능한 해부학적·기능적 시스템들에 대응하며, 이 단계들은 성인이 되었을 때 필요에 따라 서로 맞물리게 된다.[1]

가장 단순한 생명체들, 즉 세포 하나(또는 몇 개)로 이루어졌으며 신경계가 없는 생명체들은 태어나서 성체가 되고 자신을 스스로 방어하다가, 결국 늙거나 병에 걸리거나 다른 생명체에 의해 파괴돼 죽는다. 이런 생명체들은 자신을 둘러싼 환경에서 잘 생존할 수 있는 최적의 장소를 고를 수 있는 능력이나 의식은커녕 마음의 도움 없이도 생존을 위한 투쟁을 할 수 있는 능력이 있다. 이런 생명체들은 신경계도 없다. 또한 의식에 의해 활성화되는 마음이 없기 때문에 미리 생각하거나 과거를 돌아볼 수도 없다. 이런 존재들은 항상성 명령에 맞춰진 정교하고 비명시적인 능력에 따른 효율적인 화학 작용에 주로 의존해 행동한다. 따라서 이런 존재들의 생명 과정을 이루는 대부분의 요소들은 생존 수준에서 유지된다. 이 과정은 주변 환경이나 생명체 내부에 대한 명시적 표상화의 도움 없이(즉, 마음 없이), 사고와 사고에 기반한 의사 결정의 도움 없이 이루어진다. 이 과정은 최소한의 명시적 인지능력에 의해 도움을 받는다. 장애물에 대한 '감각'이나 특정한 공간에서 특정한 순간에 존재하는 다른 생명체들의 개체수를 어림짐작하는 행위('정족수 감지quorum sensing'라고 불리는 행위)가 그 예다.[2]

이들의 숨겨진 능력은 현실의 물리적·화학적 제약을 반영하며, 목적을 충족시키는 수단이기도 하다. 여기서 목적이란 효율적인 통제를 통해 생명을 위협하는 요소들로부터 살아남아 목숨을 잘 유지하는 것을 말한다. 이런 생명체들은 소화계나 순환계가 없음에도 불구하고 스스로 대사 활동을 하면서 대사산물을 생산하는 화학 공장이라고 할 수 있다. 하지만 여기서 예상치 못한 일이 일어난다. 박테리아 같은 '단순해 보이지만 그렇지 않은' 생명체들이 자연에서 사회적 집단의 일원으로 사는 것이다. 이런 생명체들이 인간처럼 살아 있는 생명체의 내부에서 산다는 뜻이다. 우리는 이런 생명체들에게 이들이 지낼 자리를 제공하고, 그 대가로 인간에게 유용한 화학적 서비스를 받는다. 물론 이런 생명체들이 상황을 악용해 자신들이 받아야 할 혜택을 초과하는 이득을 취하기도 해, 세입자와 집주인 모두 불행한 결말을 맞는 경우도 있다.

효율적으로 생명을 유지하기 위해서는 생명이 시작될 수 있고, 탄생한 생명이 쉽게 와해되지 않을 정도의 물리적 환경이 반드시 갖춰져야 한다. 그렇지만 존재의 단계 초기에는 이 물리적 환경에 명시적 느낌 또는 명시적 지식이라고 부를 수 있는 것이 전혀 포함되지 않는다. 따라서 우리가 여기서 다루고 있는 넓은 범위의 생명체의 역사에서 존재는 느낌보다 먼저 출현한다. 또한 내 생각에는 생명체가 느낄 수 있으려면 그 생명 유기체는 몇 가지 조건을 더 충족시켜야 한다. 우선 다세포생물이어야 하고, 조직 시스템이 어느 정도 분화되어야 한다. 특히 내부 생명 활동 과정과 주변 환경에 대처하는 역할을 하는 신경계의 역할이 매우 중요하다. 이런 조건이 충족된 후에는 어떤 일이 일어날까? 앞으로 다루겠지만, 아주 많은 일이 일어난다.

신경계는 복잡한 운동을 가능하게 만들고, 궁극적으로는 진짜 새로운 것이 시작되도록 만든다. 바로 **마음**이다. 느낌은 마음이 가장 먼저 일으키는 현상 중 하나로, 중요도가 매우 높은 현상이다. 느낌은 생명체가 생명 유지의 필요에 따라 몸 안 기관들의 기능을 조절하려는 자신의 몸 상태를 마음속에서 표상하게 해준다. 먹거나 마시거나 배설하는 행동, 공포나 분노, 역겨움이나 경멸을 느끼는 동안 나타나는 방어적 태도, 협력이나 갈등 같은 사회적 조정 행동, 기쁨이나 행복감의 표현, 생식과 관련된 행동 등은 모두 느낌에 의한 것이다.

느낌은 생명체에게 자신만의 삶을 **경험하도록** 해준다. 특히 느낌은 그 느낌의 주인인 유기체에게 그 유기체가 얼마나 성공적으로 **살고 있는지에 대한** 상대적인 평가를 할 수 있게 해준다. 유기체가 스스로의 삶이 쾌적한지 불쾌한지, 가벼운지 집중적인지 등의 삶의 질에 대해 자연스럽게 등급을 매길 수 있게 해주는 것이다. 이는 '존재' 단계에 머무는 유기체는 결코 얻을 수 없는 새롭고 가치 있는 정보다.

느낌이 '자아self'[3]의 생성에 중요한 역할을 하는 것은 당연하다. 자아의 생성은 유기체의 상태에 의해 활성화되기 때문이다. 또한 느낌은 유기체의 몸이라는 틀 안에 고정돼 있으며(이 틀은 근육과 골격 구조로 이루어진다), 시각이나 청각 같은 감각 통로가 제공하는 관점에 의해 좌우된다.

존재와 느낌이 형성돼 활성화되면 이 존재와 느낌은 존재, 느낌, 앎이라는 트리오의 마지막 구성 요소인 **앎**을 지원하고 확장할 수 있는 상태가 된다.

느낌은 몸 안에서 생명에 대한 지식을 우리에게 제공하면서 그 지식이 모두 의식되도록 만든다(이 과정에 대해서는 3장과 4장에서 자세하게 설명할 예정이다). 매우 핵심적인 과정이지만, 안타깝게도 우리는 이 과정을 거의 자각하지 못한다. 우리는 기억에 의한 다른 유형의 지식, 즉 시각, 청각, 몸 감각, 맛, 냄새 같은 감각적 지식에 압도당하기 때문이다. 감각 정보에 기초해 생성되는 지도와 이미지는 항상 존재하는, 이와 관련된 느낌들과 함께 마음을 구성하는 가장 풍부하고 다양한 요소가 된다. 심적 과정 대부분을 지배하는 것은 이런 이미지, 지도, 느낌이다.

신기하게도 모든 감각 시스템은 그 자체로는 의식적인 경험과 연관돼 있지 않다. 시각 시스템을 예로 들어보자. 망막, 시각 경로, 시각피질 같은 시각 시스템은 외부 세계의 지도를 만들어내 명시적인 시각 이미지들을 만드는 데 기여한다. 하지만 시각 시스템 자체는 이런 이미지들이 우리 유기체 **안에서** 나타나는 이미지들이라고 자동적으로 말해주지 않는다. 우리는 이 이미지들과 우리의 존재를 연결시키지 않으며, 이 이미지들을 의식하지도 않는다. 이 이미지들을 **우리 유기체와 연관시키고 우리 유기체 안에 위치시키려면**, 즉 이 이미지들이 우리 유기체와 연결되려면 존재, 느낌, 앎과 관련된 세 가지 과정이 조율되어야만 한다.

더 놀라운 것은 이 결정적이고 중요하지만, 예견되지 못한 생리학적 과정 이후에 일어나는 일이다. 경험이 기억에 저장되기 시작하면 느낌과 의식이 있는 유기체들은 삶을 더 빈틈없이 살기 시작한다. 다른 존재들 및 주변 환경과의 상호작용이 더 강렬하게 이루어지면서 개개의 유기체 안에서의 개체들의 삶이 개인적 특성들이라는 갑옷을 입게 되는 것이다.

생명의 일정표	
원세포(Protocell)	40억 년 전
핵이 없는 최초의 세포 (박테리아 같은 원핵생물)	38억 년 전
광합성	35억 년 전
핵이 있는 최초의 세포(진핵생물)	20억 년 전
최초의 다세포생물	7억~6억 년 전
최초의 신경세포	5억 년 전
어류	5억~4억 년 전
식물	4억 7,000만 년 전
포유류	2억 년 전
영장류	7,500만 년 전
조류	6,000만 년 전
사람과(호미니드, Hominid)	1,400~1,200만 년 전
호모 사피엔스	30만 년 전

About Minds and the New Art of Representation

2장

마음과 표상이라는 새로운 기술에 관하여

지능, 마음, 의식

앞으로도 분명하게 정의되지 않을 세 가지 불안정한 개념이 있다. 먼저 지능이다. 살아 있는 모든 유기체의 일반적인 관점에서 볼 때, 지능은 생존 투쟁 과정에서 부딪히는 문제들을 성공적으로 해결하는 능력을 뜻한다. 하지만 박테리아의 지능과 인간의 지능은 매우 다르다. 정확하게는 수십억 년이라는 진화 시간만큼의 차이가 있다. 이 두 지능은 범위와 역할 면에서도 매우 다를 수밖에 없다.

인간의 명시적 지능은 단순하지도 않고 규모가 작지도 않다. 인간의 명시적 지능은 마음을 필요로 하며, 마음과 관련해 출현한 것들, 즉 **느낌**과 **의식**의 도움을 필요로 한다. 또한 인간의 명시적 지능은 **지각**perception, **기억**, **추론**reasoning도 필요로 한다. 마음의 내용은 사물과 행동을 표상하는, 공간적으로 지도화된 패턴에 기초를 둔다. 우선, 이 마음의 내용은 우리가 우리 유기체 내부와 주변 환경으로부터 지각하는 사물과 행동에 대응한다. 우리가 구축한, 공간적으로 지도화된 패턴은 **마음속으로 관찰이 가능하다**. 마음의 주인인 우리는 특정한 패턴의 '크기metrics'나 '범위extension'를 관찰할 수 있다. 게다가 마음의 주인인 우리는 이 특정한 패턴이 특정한 사물과 비교했을 때 어떤 구조를 가지고 있는지, 그 특정한 사물의 패턴이 어느 정도로 '비슷한지'도 생각할 수 있다.

결과적으로 말하면, 마음의 내용은 **조작이 가능하다**. 즉, 패턴을 소유하고 있는 주인은 마음속에서 그 패턴을 잘게 부숴 수없이 다양한 패턴들로 새롭게 만들어낼 수 있다는 뜻이다. 우리가 어떤 문제를 해결하려고 할 때, 그 해결 과정에서 마음속으로 패턴들을 잘게 자르고 이리저리 움직이는 것이 바로 추론이다.

이미지는 마음을 구성하는 심적 패턴을 더 쉽게 표현한 말이다. 여기서 이미지는 '시각적' 이미지만을 뜻하지 않는다. 시각, 청각, 촉각, 내장감각 등 주요 감각 통로에 의해 생성되는 **모든** 패턴을 뜻한다. 우리는 마음속으로 창의적인 활동을 할 때 이런 이미지들을 **상상**imagination 한다. 그렇지 않은가?

이와 대조적으로 박테리아의 지능은 숨겨진, 비명시적 지능이다. 박테리아의 움직임은 그 움직임을 관찰하는 이에게 명료하게 이해되지 않는다. 무엇보다도 이런 지능을 가진 박테리아 스스로도 명료하게 이해하지 못한다. 우리 같은 관찰자가 박테리아의 문제 해결에 대해 알 수 있는 것은 처음과 끝, 즉 질문과 대답밖에 없다. 게다가 나는 이런 지능을 가진 박테리아 유기체 자체가 외부의 관찰자보다 자신의 움직임에 대해 훨씬 더 적게 이해하고 있다고 생각한다. 비명시적 지능을 가진 박테리아 유기체 내부에는 외부 환경이나 유기체 내부의 사물이나 행동을 표상화하는 패턴을 구축할 수 있는 것, 이미지나 추론과 비슷한 것이 전혀 존재하지 않는다. 하지만 물리적 환경에서 사는 박테리아에게 작용 영역이 (단순하지는 않지만) 분자 수준 이하로 좁은, 정교한 생물전기적 계산에 기초해 이런 지능이 완벽하게 작동한다.

이 두 종류의 지능에는 각각 '은폐된', '숨겨진', '감춰진', '**선명하지 않은**recondite', '비명시적'이라는 수식어와 '명백한', '분명한', '명시적인', '지도화된', '마음속/마음이 있는'이라는 수식어가 붙는다. 이 두 종류의 지능은 작동 방식이 다르지만, 존재의 목적은 같다. 살아남기 위해 투쟁하는 과정에서 부딪히는 문제를 해결하는 것이 바로 이 둘의 공통적인 목적이다. 비명시적 지능은 단순하고 경제적으로 문제를 해결한다. 반면에 명시적 지능은 문제를 복잡하게 해결하며, 그 과정에서 느낌과 의식을 필요로 한다. 명시적 지능은 유기체의 생존 투쟁을 도와왔을 뿐만 아니라 그 과정에서 생존 투쟁을 도울 수 있는 새로운 방법들을 만들어냈다.

비명시적 지능과 명시적 지능의 이런 차이는 그 중요성을 간과하기가 쉽다. 생물학적으로 규명해야 하는 부분이 많긴 하지만, 그렇다고 해서 비명시적 지능이 일종의 '마법 같은' 지능은 아니다. 또한 명시적 지능도 완전히 설명이 되는 지능이라고는 말할 수 없다. 비명시적 메커니즘은 이론적으로 설명하기가 매우 힘들 뿐만 아니라, 현미경 같은 장치나 정교한 생화학적 방법의 도움을 받지 않으면 관찰 자체가 불가능하다. 반면, 명시적 메커니즘은 이미지 패턴의 흔적, 그 패턴의 행동과 패턴들 사이의 관계를 추적함으로써 대부분 관찰이 가능하다.

앞으로 설명하겠지만, 명시적 지능의 과정은 **유기체가 유기체 안에서 이미지 패턴을 구축하고 저장해야 일어날 수 있다**. 또한 이 유기체는 정교한 과학적 방법의 도움 없이 내부적으로 패턴을 관찰하고 그 관찰 결과에 따라 행동할 수 있어

지능의 두 가지 종류	
• 은폐된 지능	• 명백한 지능
• 숨겨진/감춰진 지능	• 분명한 지능
• 비명시적 지능	• 명시적 지능
• 세포 기관과 세포막에서 일어나는 화학적/생물전기적 과정에 기초한 지능	• 사물과 행동을 '표상하고 닮을 수 있는', 공간적으로 지도화되는 신경 패턴에 기초한/이미지를 만들어내는 지능

야 한다.

박테리아 같은 단세포생물은 뛰어난 비명시적 지능의 혜택을 받는다. 하지만 우리 인간은 그보다 더 큰 혜택을 누린다. 우리 인간은 명시적 지식과 비명시적 지식 모두의 혜택을 받기 때문이다. 우리는 문제가 생길 때마다 필요에 의해서 한 종류의 지능을 사용하거나 두 종류의 지능을 같이 사용하기도 한다. 게다가 우리는 두 종류의 지능 중 어떤 지능을 사용할지 결정할 필요조차 없다. 그 결정은 우리의 정신적 습관과 정신 작용에 의해 이루어지기 때문이다.[1]

이제 복잡한 문제가 하나 남아 있다. 생명이 없는 기괴한 혼합물인 바이러스의 지능 문제다. 바이러스는 자신이 활동하기에 적합한 생명체 안으로 침투했을 때도 '살아 있지 않은' 상태를 유지하지만, 영속성의 측면에서 보면 매우 지능적으로 '행동한다'. 앞에서도 언급했지만, 이 상황은 우리가 받아들이기에 매우 역설적이고 곤혹스러운 상황이다. 바이러스는 생명을 만들어낼 수 있는 자신의 내용물, 즉 핵산을 확산시킬 정도로 지능적으로 행동하지만, 살아 있지는 않은 어떤 것이기 때문이다.

마음과 의식이 개입되지 않는 감각

살아 있는 모든 생명체는 아무리 작더라도 감각 자극을 감지한다. 즉, '감각하는' 능력을 갖고 있다. 감각 자극에는 빛, 열, 냉기, 진동, 찌르기 등이 있다. 유기체들은 감각되는 것에 반응하며, 그 반응은 유기체를 둘러싼 환경 또는 유기체의 세포막에 의해 한정되는 유기체의 몸 내부를 목표로 한다.

박테리아는 감각 능력이 있다. 식물도 마찬가지다. 하지만 우리는 박테리아나 식물에 의식이 있다고는 생각하지 않는다. 박테리아나 식물은 감각 결과에 따라 감각되는 것에 반응한다. 박테리아나 식물의 세포막은 온도, 산성도, 미세한 찌르기나 밀치기를 감지할 수 있으며, 이런 자극들에서 멀어지는 방식 등으로 자극들을 회피하는 반응을 보인다. 박테리아나 식물은 기초적인 형태의 인지능력과 뛰어난 지능을 가지고 있다. 하지만 박테리아나 식물은 자신들이 하는 일들에 대한 **명시적** 지식을 갖고 있지 않으며, 명시적인 추론 능력도 없다. 어떻게 이런 일이 일어나는 것일까? 지식은 마음속에서 이미지 패턴의 형태로 표현될 때만 유기체에게 명시적으로 인식될 수 있으며, 명시적으로 추론할 수 있으려면 이 이미지들을 논리적으로 조작할 수 있어야 한다. 하지만 박테리아나 식물에는 마음도 의식도 존재하지 않는 것으로 보인다. 무엇보다 중요한 것은 **박테리아나 식물은 신경계가 없다**는 사실이다.

감각만으로는 유기체에게 마음이나 의식이 생기지 않는다. 의식은 감각 능력이 있으면서 동시에 마음을 만들 수 있는 유기체에서만 나타날 수 있기 때문이다.

우리 주변과 우리 인체 내부에 존재하는 박테리아는 효율적인 수준을 넘어서 지능적으로 자신의 생명을 통제할 수 있는 **비명시적 능력**을 가지고 있다. 식물도 마찬가지다. 박테리아와 식물의 지능은 생존과 번식이라는 비명시적 목적을 위한 것이다. 박테리아와 식물은 생명 조절이라는 명령(항상성 명령)에 따라 '그래야 하기 때문에' 움직이지만, 그 움직임에는 '목적이 없다'. 여기서 목적이 없다는 말은 박테리아와 식물이 자신들의 움직임의 이유나 방식에 대해 **전혀 모르고 있다**는 뜻이다. 박테리아와 식물의 행동을 일으키는 화학적 장치는 이들 유기체의 다른 부분에서 **표상되지 않으며**, 이 화학적 장치는 유기체에게 화학적 장치가 존재한다는 사실을 결코 **드러내지 않는다**. 이들 유기체가 어떤 일에 성공하거나 실패하는 것에 관련된 부분들과 그 부분들이 이루는 메커니즘은 그 유기체 내부의 다른 어떤 부분에서도 '그림으로 표현되지 않는다'. 이 부분들 또는 이 부분들이 이루는 메커니즘은 유기체 내부 어디에서도 명시적 지식을 구성할 수 없기 때문이다.

마음과 의식이 개입되지 않는 감각에 대해 이야기하려면 먼저 흥미로운 사실 하나를 생각해야 한다. 마취제를 투여해 감각 능력을 마비시키면 박테리아와 식물이 생명 활동을 중지하고 일종의 동면 상태로 들어가는 방식으로 반응한다는 것이다. 이는 프랑스 생물학자 클로드 베르나르Claude Bernard가 19세기 말에 이미 발견한 내용이다. 마취제가 식물을 잠에 빠지도록 할 수 있다는 사실을 발견했을 때, 베르나르가 얼마나 놀랐을지 상상이 간다.[2]

이 사실에 특히 주목해야 하는 이유는 마음이나 의식이 없는 것으로 보이는 식물이나 박테리아를 대상으로 마취제가 효과를 냈다는 점이다. 마취제는 수술을 하기 전에 환자의 '의식'을 없애 의사가 편안하게 수술할 수 있게 만들고, 환자는 고통을 느끼지 않게 만드는 역할을 한다. 나는 마취제가 이중의 막으로 구성된 세포막의 이온 통로를 교란해 기초적인 감각 기능을 급작스럽게 와해시킨다고 생각한다. 마취제가 목표로 하는 것은 정확하게 마음이 아니지만, 감각이 차단되면 마음은 더 이상 존재할 수 없다. 또한 마취제는 의식의 와해를 목표로 하지도 않는다. 뒤에서 설명하겠지만, 의식은 마음의 특정한 상태이므로 마음이 없으면 의식도 나타날 수 없기 때문이다.

의식이 있어야 마음의 **내용물**을 의식할 수 있다.

느낌과 외부 세계에 대한 특정한 시각을 갖춘 마음에는 의식이 생긴다. 이런 의식은 인간뿐만 아니라 동물계 전반에서 나타난다. 모든 포유류와 조류, 어류에는 마음과 의식이 있다. 나는 사회성 곤충social insect(집단을 이루고 그 안에서 계급을 만들어 분업을 하는 곤충)에게도 마음과 의식이 있을 것이라고 생각한다. 하지만 나는 단순한 단세포생물에게는 마음과 의식이 확실히 없다고 생각한다. 그렇다면 단세포생물은 어떻게 그렇게 지능적으로 움직일까? 우리는 단순한 구조의 박테리아에게 생존을 이어나갈 수 있는 뛰어난 능력이 있음을 앞에서 살펴봤다. 박테리아에는 궁극적으로 마음 그리고 심지어는 의식의 출현을 가능하게 만든 일종의 전구체가 존재한다. 하지만 그렇다고 해도 박테리아에는 의식은커녕 우리가 마음이라고 부르는 어떤 것이 출현할 가능성이 거의 존재하지 않는다.

마음의 내용물

마음을 거꾸로 들고 쏟아 그 내용물을 꺼내어 본다고 상상해보자. 마음에는 어떤 내용물이 들어 있을까? 마음에는 이미지들, 인간 같은 복잡한 생명체들이 생성하고 조합해낸 이미지들의 흐름이 있을 것이다. 이 흐름이 바로 미국의 저명한 심리학자 윌리엄 제임스William James가 말한 '의식의 흐름'의 그 '흐름'이다. 앞으로 설명하겠지만, 기본적으로 그 흐름은 마음을 구성하는 이미지들이 거의 빈틈없이 연결되어 만들어지는 흐름이다. 마음에 의식이 생기려면 이 흐름에 다른 요소들이 추가되어야 한다.

외부 세계의 사물과 행동에 대한 지각은 시각, 청각, 촉각, 후각, 미각에 의해 이미지로 변환되며, 이 이미지는 마음의 상태를 지배하는 것으로 생각된다. 하지만 우리 마음속 이미지들 대부분은 뇌가 외부 세계를 지각함으로써 생성되는 것이 아니라, 뇌가 우리 몸 **안에서** 외부 세계에 대한 지각을 조작하고 혼합함으로써 생성된다. 망치질을 하다가 우연히 못이 아니라 손가락을 쳤을 때 느끼는 고통을 예로 들어보자. 이런 복잡한 이미지들 또한 마음의 흐름에 편입되면서 우리의 심적 과정을 지배한다.

우리 내부의 이미지들은 여러 가지 이유로 비전형적이다. 이런 이미지들을 만드는 장치들은 우리 몸 안 내부 기관들의 상태를 묘사할 뿐만 아니라, 그 내부 기관들과 연결돼 있다. 이 장치들은 화학적 방식으로 내부 기관들과 매우 정교하게 양방향으로 상호작용한다. 우리가 느낌이라고 부르는 **혼합물** hybrid은 바로 이 상호작용의 결과물이다. 정상적인 마음은 외부 세계에서 비롯한 전통적인(직접적인) 이미지와 몸 내부의 **특별하고 혼합적인** 이미지로 만들어지는 것이다.

하지만 이 과정에는 다른 종류의 이미지들도 개입한다. 사물과 행동으로 우리가 만든 기억을 떠올리는 과정과 그 기억에 수반됐던 느낌을 다시 만들어내는 과정 모두 이미지의 형태로 나타난다. 일반적으로 기억을 만든다는 것은 나중에 원래의 어떤 것과 비슷한 무언가를 복원해내기 위해 암호화된 형태로 이미지를 기록하는 과정이기 때문이다. 또한 사물과 행동 그리고 느낌을 우리가 아는 언어(주로 음성언어지만, 수학이나 음악의 언어인 경우도 있다)로 번역하는 과정도 이미지 형태로 나타난다.

마음속에서 이미지들을 연결하고 결합할 때, 우리의 창의적인 상상 속에서 그 이미지들을 변환할 때, 우리는 아이디어를 나타내는 구체적이거나 추상적인 이미지와 상징들을 새로 만들어내며 그렇게 만들어낸 이미지들의 대부분을 기억에 저장한다. 이렇게 함으로써 우리는 그 마음의 내용물을 저장해 미래의 언젠가 추출할 수 있는 보관소의 크기를 확장한다.

마음 없는 지능

마음이 없는 지능은 마음에 기초한 지능보다 몇십억 년 먼저 출현했다. 마음이 없는 지능은 생명체의 깊숙한 곳에 숨겨져 있다. 이런 의미에서 이 지능은 '선명하지 않은' 지능이다. 마음이 없는 지능은 생명체가 지능적인 일을 할 수 있게 해주는 분자 수준의 메커니즘 뒤에 숨겨져 있으며, 바이러스처럼 살아 있지 않은 것들이 자신의 임무를 성취하는 데 도움을 준다.

마음이 없는 지능은 유기체들의 반사작용, 습관, 정서 행동emotive behavior, 경쟁 행동, 협력 행동 등에서 광범위하게 나타난다. 마음이 없는 지능이 나타나는 범위가 이렇게 넓다는 점에 유의해야 한다. 또한 인간처럼 고상하고 **마음이 있는** 생명체들도 마음이 없는 지능의 혜택을 받고 있다는 점도 반드시 알아야 한다.

심상은 어떻게 만들어지는가

이미지는 어디서, 어떻게 출현할까? 이미지는 지각에 의해 출현한다. 우리 유기체가 외부 세계에 대해 설명할 때도 이 지각에서 출발하는 것이 쉽다. 환경에 대응하는 우리의 신경 활동 패턴은 눈, 귀, 피부 내 촉각소체 같은 감각기관에 의해 처음 형성된다. 그 후 이 감각기관들은 중추신경계와 협력하고, 중추신경계에서는 척수와 뇌간 등에 위치한 핵들이 감각기관들이 수집한 신호들을 결합한다. 다시 중간 과정을 몇 단계 더 거친 후 마지막으로 대뇌피질이 이 지각 신호들을 받아들여 조합한다. 데이비드 허블David Hubel, 토르스텐 비셀Torsten Wiesel 같은 생리학자들의 선구적인 연구 덕분에 우리는 이 과정의 결과로 시각, 청각, 촉각 같은 다양한 감각 양식sensory modality으로부터 사물과 그 사물의 영역에 대한 지도가 구축된다는 것을 알고 있다. 이 지도는 우리가 마음속에서 경험하는 이미지의 기초가 된다.[3] 우리는 눈이나 귀 같은 감각기관에 자극이 도착함으로 인해 시각, 청각, 촉각 시스템 내의 대뇌피질 영역 안에서 형성되는 특정한 패턴들에 따라 신경세포(뉴런)가 활성화될 때 지도를 만든다. 이런 이미지들은 매우 구체적이고 실용적 가치가 크기 때문에 대부분의 경우 우리의 심리 상태를 지배하게 된다. 지도화되는 것과 우리가 만드는 이미지는 매우 밀접한 관계를 가진다. 이때 지도를 모호하게 만들면 치러야 하는 대가가 크기 때문에 지도는 반드시 정밀하게 만들어야 한다. 모호한 지도는 잘못된 해석 또는 그보다 더 안 좋은 결과로 이어질 수 있다. 모호한 지도는 결국 우리의 움직임을 잘못된 방향으로 유도하기 때문이다.

주의 깊은 독자라면 내가 중요한 감각 통로인 맛이나 냄새의 이미지와 지도화에 대해서는 언급하지 않았음을 눈치챘을 것이다. 또한 나는 느낌을 만드는 데 중요한 역할을 하는 내부의 이미지와 지도화에 대해서도 언급하지 않았다.

후각과 미각은 세 가지 주요 감각(시각, 청각, 촉각)과 대체적으로 유사한 과정으로 생성되지만, 후각과 미각만의 고유한 화학작용과 패턴의 조합을 통해 만들어지기도 한다. 후각과 미각은 명시적 지능과 비명시적 지능의 특징을 모두 가지고 있으며, 후각과 미각은 이런 두 종류의 지능이 서로 전환되면서 만들어지는 것으로 보이기 때문이다.[4]

반면에 느낌은, 뒤에서 정동affect에 대해서 설명할 때 언급하겠지만, 내수용감각 고유의 특징과 설계에 의존하는, 전적으로 혼성적인 과정으로 우리의 내부가 감각적인 관찰, 마음 속 관찰을 할 수 있도록 길을 열어주는 과정이다.

느낌이 제공하는 정보는 사물 또는 상태의 (좋은지 안 좋은지와 관련된) '특징들quality'과 그 특징들의 '양quantity'에 대한 정보다. 하지만 이 정보는 정확성이 뛰어나지는 않다. 또한 시스템의 설계에 의해 **의도적으로** 틀린 정보를 제공하기도 한다. 약물의 도움 없이도 몸 안에서 만들어진 아편(통증 완화를 위해 뇌에서 자연적으로 분비되는 호르몬이라는 의미 – 옮긴이주)이 상처의 극심한 고통을 줄여주는 예가 대표적이다.

신경 활동은 어떻게 움직임과 마음이 되는가

뉴런의 발화firing가 어떻게 움직임을 일으키는지는 이미 그 메커니즘이 밝혀졌다. 우선, 뉴런 발화라는 생물전기적 현상은 근육세포에서 생물전기적 과정을 촉발한다. 그다음, 이 과정이 근육 수축을 일으킨다. 마지막으로, 근육 수축의 결과로 근육 자체와 근육이 부착된 뼈에서 움직임이 발생한다.[5]

전기화학적 과정이 마음 상태를 만드는 방식은 전반적으로 이 방식과 동일하지만, 이보다 훨씬 불투명하다. 마음 상태와 관련된 신경 활동은 자연 발생적으로 **패턴**이 구성되는 방식으로 다양한 뉴런들에 걸쳐 공간적으로 분포한다. 이런 방식은 시각, 청각, 촉각을 담당하는 기관과 몸 안의 내부 기관들의 활동을 탐지하는 기관 모두에서 확실하게 관찰할 수 있다. 이런 패턴들은 신경 활동을 촉발하는 사물, 행동, 특징에 공간적으로 대응한다. 이런 패턴들은 행동이 일어나기 위해 필요한 공간과 시간 측면 모두에서 사물과 행동을 **묘사하며**portray, 신경 활동은 목표 사물과 그 사물의 행동을 모두 지도로 만든다. '지도화된 패턴들'은 우리의 신경계를 둘러싼 외부 세계, 특히 눈이나 귀 같은 감각기관이 탐지하는 외부 세계에 존재하는 사물과 행동의 물리적 특성에 따라 그때그때 그려진다. 우리의 마음을 구성하는 '이미지들'은 이런 패턴들을 뇌에 전송하는 정교한 신경 활동의 결과다. 바꿔 말하면, 신경생물학적으로 '지도화된 패턴들'이 우리가 이미지라고 부르는 '마음속 사건들'로 변화한다고 할 수 있다. 또한 이런 마음속 사건들은 느낌과 자기 관점을 포함하는 상황의 일부가 될 때만 **마음속 경험**, 즉 의식이 된다.

개인의 취향에 따라 이런 '전환-변환'은 사건의 마법적 전환으로 생각될 수도 있고, 매우 자연스럽게 생각될 수도 있다. 나는 후자 쪽이지만, 그렇다고 해서 이 설명이 완벽하다거나 이 설명과 관련된 모든 사항들이 투명하게 밝혀졌다는 뜻은 아니다. 뒤에서 설명하겠지만, '마음을 물리적으로 설명하려면' 더 많은 노력이 이루어져야 한다. 이 불완전성은 마음의 심층적인 구조, 즉 지도와 이미지의 기초가 되지만 고전 물리학으로는 충분히 설명할 수 없는 '골조tessitura(뼈대, 구성, 구조, 직조 방식을 나타내는 이탈리아어-옮긴이주)'라는 비물리적 구조 때문에 발생하기 때문이다. 이 불완전성이 얼마나 다루기 어려운 문제가 될지, 쉬운 문제가 될지는 시간이 지나야 알 수 있을 것이다.

마음의 조작

우리는 우리의 마음이 시간을 따라 이어지는 수많은 종류의 이미지들로 구성된다는 것을 알고 있다. 이 이미지들은 시각 이미지, 청각 이미지에서부터 느낌의 일부인 이미지까지 매우 다양하다. 또한 우리는 지배적인 이미지들이 일반적으로 일종의 '패턴', 즉 2차원 이상으로 구성 요소들이 배치되는 공간적·기하학적 구조의 형태로 구축된다는 것도 안다. 이런 공간성은 마음이라는 존재의 핵심을 이룬다. 이런 공간성은 마음의 구성 요소들이 **명시성**explicitness을 가지는 이유이다. 더불어서 신경계가 없는 생명체를 매우 지능적으로 돕는 동시에 인간 같은 복잡한 유기체에게도 도움을 주는 비명시적 능력과는 정반대편에 위치한 특성이다. 비명시적 능력은 놀라울 정도로 효율적이지만, 마음속 관찰로는 그 작동 메커니즘을 알 수 없다. 예를 들어, mRNA(메신저 리보핵산)는 정확하게 읽히는 과정을 통해 아미노산 사슬 합성에 도움을 주며, 심지어는 오류를 수정하는 메커니즘의 도움을 받기까지 하지만, 우리는 '마음속으로' 이 전사 과정transcription을 관찰할 수 없다. 과학은 이 전사 과정의 구체적인 내용들을 모두 밝혀냈지만, 우리는 여전히 과학기술의 도움 없이는 이 과정을 들여다볼 수 없다.

그렇다면 명시적 이미지 패턴은 어디에 존재하는 것일까? 신경해부학과 신경생리학 분야의 기존 연구 결과들에 따르면 이 패턴은 '동적인 지도들dynamic map'에 기초하며, 이 지도들은 연합 피질 같은 다양한 감각 시스템의 대뇌피질들과 둔덕colliculi, 슬상 신경절geniculate ganglia 같은 대뇌피질 수준 이하의 뇌 구조들에서 빠른 속도로 생성된다. 또한 이 모든 구조들에서 생성되는 '패턴들'은 사물과 행동 그리고 신경계 외부에 존재하는 실제 관계들에 대응한다. 이런 패턴들이 어떻게 발생하는지에 대한 설명 중 하나는 망막이나 달팽이관 같은 감각 장치들이 움직이는 사물의 실시간 순서를 반영하면서 사물이나 관계를 분석해 그 사물이나 관계를 뉴런 네트워크 안에서 좌표 공간 형식으로 '모방' 또는 '묘사'한다는 설명이다.

이 모든 신경 구조는 다양한 차원을 가진 다양한 신경 구조들이 빠르게 '활성화'되거나, 그만큼 빠르게 제거될 수 있도록 패턴화된 방식으로 뉴런을 활성화시키는 데 이상적이다.

각각의 감각 통로에 다양한 피질이 존재한다는 사실을 감안하면 이미지들이 정확하게 어디에서 조합되고 경험되는지 의문이 생길 것이다. 이미지들은 1차 대뇌피질에 있을까? 그렇다면 그 대뇌피질의 어떤 층위에 있을까? 아니면, 이미지들은 2개 이상의 피질 영역에 존재해, 마음속에서 경험되는 실제 이미지가 동시에 조합된 여러 개의 패턴들의 합성물이 되도록 만드는 것일까?

이미지가 어디에 있는지에 대한 의문에 확실한 답은 없다. 하지만 이미지들이 서로 다른 시점에, 서로 다른 곳에서, 서로 다른 원료로 만들어지는 것은 분명하다. 또한 이 '어디'에 대한 의문은 또 다른 의문과 관련돼 있다. 이미지는 어떤 추가적인 메커니즘에 의해 의식이 되는가? 이 의문에 대해서는 느낌에 대해 먼저 설명한 후 다룰 것이다. 느낌은 이미지를 의식으로 만드는 데 핵심적인 역할을 하기 때문이다.

이보다 훨씬 더 난해한 문제는 앞에서 언급한 마음의 심층적인 구조, 즉 '골조'와 관련된 문제일 것이다. 마음의 과정, 즉 심적 과정이 뉴런 회로 내의 생물전기적 사건들에 의존한다는 것은 확실히 맞는 말이다. 하지만 이 말 뒤에 숨은 의미는 무엇일까? 그 의미를 알기 위해서는 신경 조직과 신경 조직이 결합된 주변 환경의 물리적 구조와의 역학 관계를 탐구하는 것이 도움이 될 것이라고 생각한다. 이와 관련해, 물리학자 로저 펜로즈Roger Penrose, 생물학자 스튜어트 해머로프Stuart Hameroff, 컴퓨터 과학자 하트무트 네븐Hartmut Neven 같은 학자들은 세포, 특히 뉴런 내에서 진행되는 양자 수준의 과정이 마음속 사건에서 중요한 역할을 한다고 제안했다.[6]

분자 수준 이하의 양자 수준에서 벌어지는 사건들이 광합성 같은 복잡한 생물학적 과정을 설명하는 데 핵심적인 역할을 한다는 생물학 분야의 최근 연구 결과들은 이 학자들의 제안에 힘을 실어주고 있다. 이 연구 결과에 따르면, 조류의 음파 탐지, 반향 위치 측정, 자북magnetic north 위치 탐색 등도 모두 '마음과 연관된' 현상이다.

나는 이런 연구 결과들이 마음의 조작과 마음에만 적용된다고 생각한다. 뒤에서 설명하겠지만, 의식에 대한 설명(마음이 어떻게 의식이 되는지에 대한 설명)을 하기 위해서는 분자 이하의 수준을 탐구할 필요가 없지만, **마음의 구조**를 설명하기 위해서는 분자 이하의 수준을 탐구해야 할 필요가 생길 수 있다. 의식은 시스템 수준의 현상이다. 의식이 출현하려면 마음의 내용물 전체가 재배치되어야 한다. 내용물 하나하나의 개별적 조작으로는 의식이 출현하기에 **충분하지 않다**.

식물의 마음과 찰스 왕세자의 지혜

식물과 대화를 나누려면 마음에 좀 부드러운 구석이 있어야 한다. 영국의 찰스 왕세자가 그런 것 같다. 식물에게 말을 건네는 행위는 인간이 아닌 생명체도 가치가 있다는 생각, 부드러운 말을 해주면서 식물을 잘 보살피는 일이 인간이 아닌 유기체의 삶에도 의미가 있다는 생각에 기초한 것이다. 참으로 사랑스러운 생각이다.

나는 찰스 왕세자가 식물학이나 생물학에 대해 얼마나 많은 것을 알고 있는지는 모르겠다. 하지만 찰스 왕세자가 식물을 사랑하는 데는 분명 이유가 있을 것이다. 찰스 왕세자는 앞에서 언급한 프랑스 생물학자 클로드 베르나르만큼 식물에 관심이 있는 사람이다.

19세기 후반 클로드 베르나르는 마취제가 식물의 생명현상에 영향을 미친다는 것을 발견한 후 생명 조절의 중요성을 알게 되었고, 살아 있는 모든 생명체 내부에서 물리화학적 구성물의 균형을 유지하는 것이 필수적이라고 설명했다. 베르나르는 살아 있는 생명체 내부의 이런 물리화학적 구성물들에 '내부 환경internal milieu'이라는 이름을 붙였다. 베르나르가 이런 생각을 하게 된 이유 중 하나는 그가 보통 사람과는 달리 식물의 생명에 대한 관심이 많았고, 식물과 대화하는 것을 상상했기 때문이다. '항상성'이라는 용어 자체는 베르나르의 발견 이후 몇십 년이 지나 미국의 과학자 월터 캐넌Walter Cannon에 의해 처음 만들어졌지만, 항상성 현상을 처음 발견하고 그 중요성을 인식한 것은 베르나르가 처음이었다.[7]

베르나르는 식물로부터 도대체 무엇을 목격한 것일까? 베르나르가 본 것은 수많은 세포와 다양한 조직을 가진 생명체인 식물이 셀룰로오스cellulose에 둘러싸여 있고 근육이 없기 때문에 **분명한**obvious 움직임을 보이지 못함에도 불구하고 복잡한 다체계 유기체로서의 삶을 매우 성공적으로 유지하는 현상이었다. 베르나르는 땅 밑에 엄청난 뿌리를 내린 식물이 **분명하지 않고 눈에 띄지 않게** 움직일 수 있는 충분한 능력을 실제로 가지고 있다고 봤다. 또한 이 뿌리가 식물에게 필요한 수분과 영양분의 대부분을 공급해줄 땅 밑을 향해 느리지만 확실하게 뻗어나가는 모습도 보았다.

베르나르는 효율적인 수압 순환 시스템을 이용해 식물이 수분을 식물의 맨 윗부분까지 끌어올리는 것도 관찰했다. 또한 그는 이 다세포 다체계 유기체가 새로운 세포 요소들을 바로 옆에 위치시키는 방식으로 가지 전체의 길이를 늘려 가지의 끝부분을 '움직이게' 만드는 놀라운 일을 한다는 것도 발견했다. 뿌리가 특정한 방향으로 구부러져 자라면서 물 분자가 풍부하게 있는 곳을 향하는 것도 바로 이 방식을 이용한 것이다. 정말 놀라운 것은 식물이 근육과 비슷한 무언가를 이용해 실제로 움직인다는 사실이다. 파리지옥의 잎들도 이 방식으로 움직인다. 하지만 모든 식물이 그런 것은 아니다.

현재 우리는 숲속에 우거진 나무들의 뿌리가 숲이라는 생태계 전체의 항상성 유지에 기여하는 거대한 네트워크를 형성하고 있다는 사실을 잘 안다. 하지만 당시 베르나르가 이 사실을 발견했다고 해도 그는 별로 놀라지 않았을 것이다.[8]

이런 기적 같은 일들이 신경계 없이도 마음이 없는 지능과 감각에 의해 일어난다. 하지만 마음 없이도 이런 일을 할 수 있다면 마음이 무슨 필요가 있을까? 그렇다면 베르나르가 식물을 사랑하고 식물의 항상성 명령 복종에 관해 연구한 것이 충분히 이해가 간다. 찰스 왕세자가 식물과 대화를 하는 것 역시 충분히 이해가 간다.

알고리즘이 만능은 아니다

사람들은 알고리즘에 대해 대단하게 생각한다. 알고리즘이 삶을 변화시키는 과학적 또는 기술적 진전과 연관돼 있다고 생각한다. 사람들의 이런 태도에는 다 이유가 있다. 하지만 알고리즘은 그 속성과 한계를 확실하게 이해하는 것이 중요하다. 특히 이미지를 알고리즘에 비유할 때는 더욱 그래야 한다. 알고리즘은 비너 슈니첼Wiener Schnitzel(송아지 고기의 안심 부위 요리) 같은 요리를 만드는 레시피처럼 생각해야 한다. 미셸 세르Michel Serres는 알고리즘이 타르트 타탱tarte tatin(설탕과 버터를 섞어 끓인 캐러멜에 사과를 넣어 졸인 뒤 파이지를 얹어 구운 프랑스식 사과 파이)을 만드는 법이라고 말하기도 했다.[9] 레시피는 요리에 도움을 주지만, 그 레시피가 요리 자체는 아니다. 비너 슈니첼의 레시피나 타르트 타탱의 레시피는 맛볼 수 있는 대상이 아니다. 마음 덕분에 우리는 맛을 **예상하고** 군침을 흘리지만, 레시피만으로는 존재하지 않는 어떤 요리를 실제로 맛볼 수 없다. '마음을 업로드하거나 다운로드해' 불멸을 이룰 수 있다고 생각하는 사람들은 살아 있는 유기체 안의 살아 있는 뇌가 없는 상태에서 진행되는 이런 일이 레시피만을 컴퓨터에 전송하는 것에 불과하다는 점을 알아야 한다. 설령 이런 일이 가능하다고 해도, 결국 사람들은 요리의 실제 맛을 느끼지도, 냄새를 맡을 수도 없을 것이다.

하지만 알고리즘을 폄하할 생각은 없다. 비명시적 지능과 그 비명시적 지능을 가능하게 하는 암호들에 대해 여태 칭송해온 내가 왜 알고리즘을 폄하하겠는가?

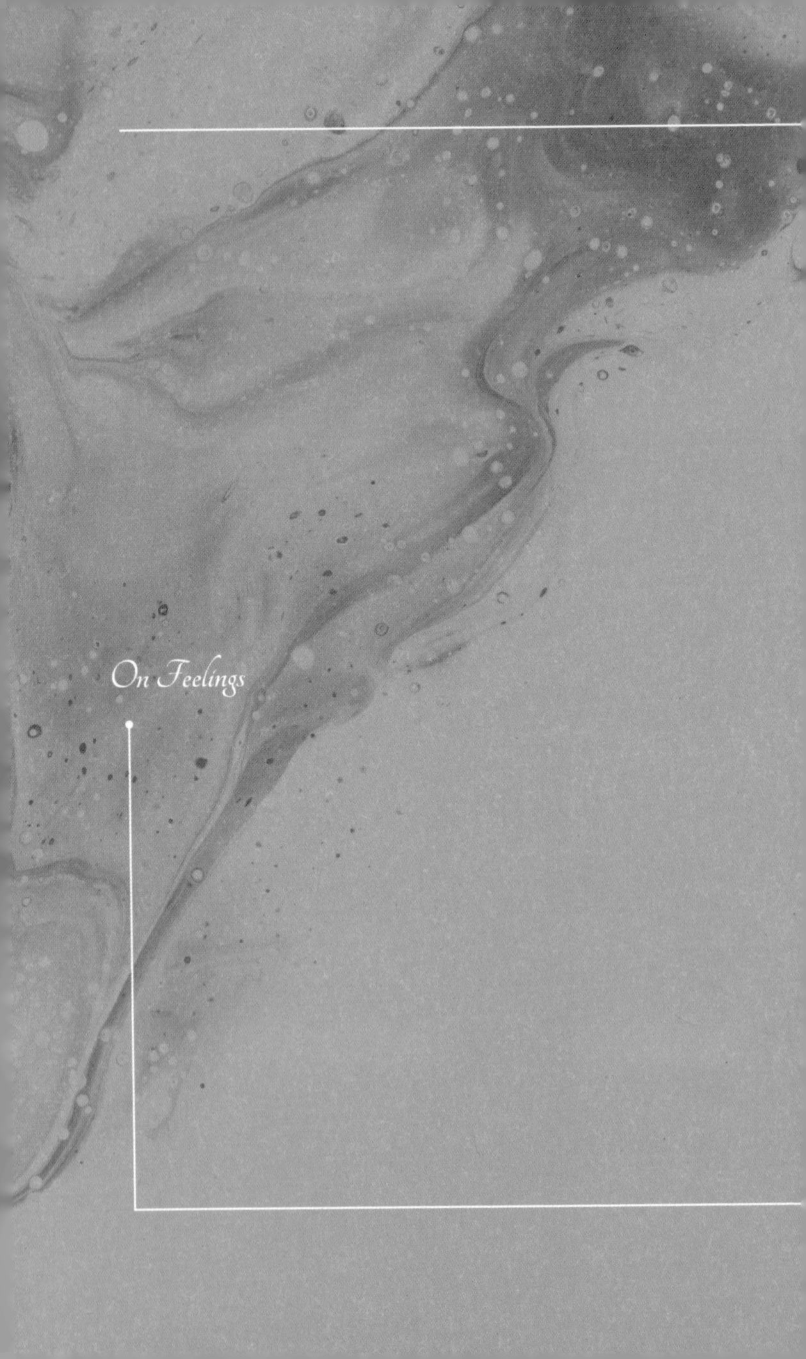

On Feelings

3장

느낌에 관하여

느낌의 출현

진화 과정에서 느낌은 특정한 유기체 내부에서 일어나는 생명의 화학작용과 초기 신경계 사이의 소극적인 대화로 시작됐을 것이다. 인간보다 훨씬 단순한 생명체 안에서 이루어졌을 이런 대화는 부분적인 고통 같은 정교한 느낌이 아니라, 일반적인 편안함이나 기본적인 불편함 같은 느낌을 만들어냈을 것이다. 하지만 이 정도도 상당한 진전이었으리라. 이런 소극적인 대화는 생물체에게 다음에 무엇을 할지 말지 또는 어디로 가야 할지 정교하게 알려주는 지남력指南力(시간과 장소, 상황이나 환경 따위를 올바로 인식하는 능력 – 옮긴이주)을 제공했다. 새롭고 극도로 가치가 높은 무언가가 생명의 역사에 출현한 것이다. 바로 **물리적 유기체**에 상응하는 **심적 대응물**이다.[1]

정동, 느낌으로 변화되는 아이디어들의 세계

정동의 가장 단순한 형태는 살아 있는 유기체의 내부에서 시작된다. 이런 형태의 정동은 모호하고 분산된 상태로 발생하며, 쉽게 기술되거나 그 위치를 파악하기 어려운 느낌들을 만들어낸다. 이 상태를 묘사하는 말이 바로 '원시적 느낌primordial feeling'이라는 용어다.[2] 이와는 대조적으로 '성숙한 느낌mature feeling'은 우리의 '내부', 즉 심장, 폐, 내장 같은 내부 기관을 채우는 사물과 그 내부 기관들이 수행하는 맥동, 호흡, 수축 같은 행동에 대해 선명하고 확실한 이미지를 제공한다. 부분적인 고통의 예에서 보듯이, 이 과정을 통해 이미지들은 선명해지고 집중화된다. 하지만 여기서 확실히 알아두어야 할 것이 있다. 모호하고 비슷한 느낌이든 정확한 느낌이든 이들 느낌은 모두 **정보를 전달한다**는 사실이다. 즉, 이런 느낌들은 중요한 지식을 운반하고, 그 지식을 마음의 흐름 안에 확실하게 심는다. 그 지식이란 다음과 같다. 근육이 긴장했는가, 이완했는가? 위가 가득 찼는가, 비었는가? 심장이 규칙적으로 문제없이 뛰고 있는가, 불규칙하게 뛰고 있는가? 호흡이 쉬운가, 힘든가? 어깨에 통증이 있는가? 우리는 느낌의 도움으로 이런 다양한 상태에 대해 알게 되며, 그 정보는 다음 단계의 삶을 통제하는 데 소중한 역할을 한다. 그렇다면 우리는 이런 지식을 어떻게 얻을까? 외부 세계의 사물들에 대해 '느끼는' 것과 단순히 '지각하는' 것은 어떻게 다를까? 우리가 단순히 어떤 것을 지각하는 수준을 넘어서 느끼기 위해서는 무엇이 필요할까?

첫째, **우리가 느끼는 모든 것은 우리 내부의 상태에 대응한다**. 우리는 우리 주변에 있는 가구나 풍경을 '느끼지' 않는다. 가구나 풍경은 우리가 지각하는 것이다. 우리의 지각은 정서 반응을 이끌어내고 그로부터 각각의 느낌을 쉽게 유도한다. 우리는 이런 '정서적 느낌emotive feeling'을 **경험할** 수 있으며, 그런 느낌들에 이름을 붙일 수도 있다. **아름다운** 풍경, **쾌적한** 의자 같은 식으로 말이다.

하지만 우리가 '실제로' 느끼는 것은 우리 유기체의 부분 또는 전체가 순간순간 어떻게 작동하고 있는지, 유기체의 부분 또는 전체의 작동이 부드럽고 막힘이 없는지, 힘든지에 관한 것이다. 나는 이런 느낌이 항상성에 의한 느낌이라고 생각한다. 이런 느낌은 유기체가 항상성 명령에 따라 작동하고 있는지의 여부, 즉 생명 유지와 생존에 도움을 주는 방식으로 작동하고 있는지에 대해 우리에게 직접적인 정보를 전달하기 때문이다.

느낌은 신경계가 우리의 내부와 직접적인 접촉을 하기 때문에 존재할 수 있다. 신경계는 말 그대로 유기체의 내부 모든 곳에서 유기체의 내부에 '접촉하고', 유기체의 내부도 신경계에 '접촉한다'. 신경계와 유기체 내부의 이런 직접적인 접촉은 내수용감각의 독특한 성질의 일부를 이룬다. 내수용감각은 우리 몸 내부 기관의 지각을 뜻한다. 내수용감각은 근골격계 지각인 **고유수용감각**proprioception이나 외부 세계에 대한 지각인 **외수용감각**exteroception과는 완전히 다르다. 우리가 경험하는 느낌들을 설명하기 위해서 이런 말들을 쓰지만, 느끼기 위해서 이런 말들에 대해 깊이 생각할 필요는 없다.[3]

우리 유기체 안에서 시작되고 우리 마음속에서 경험되는 느낌은 긍정적 또는 부정적으로 우리에게 직접적인 영향을 미친다. 느낌은 왜 그리고 어떻게 이런 작용을 할까? 첫 번째 답은 매우 분명하다. 느낌은 우리의 내부에 접근할 수 있는 '내부자'이기 때문이다. '느낌을 만들어내는' 신경 장치들은 그 느낌을 일으킨 사물과 직접적으로 상호작용한다. 예를 들어보자. 병든 신장의 사구체주머니에서 오는 통증 신호는 중추신경계로 이동해 '콩팥 산통renal colic'(신장에 결석이 생겨 발생하는 예리한 통증)을 느끼게 한다. 하지만 이 과정은 여기서 끝나지 않는다. 중추신경계가 병든 신장의 사구체주머니에 다시 반응을 발생시켜 통증을 지속시키기 때문이다. 통증을 멈추게 하는 경우도 있다. 예를 들어, 사구체주머니에서 발생하는 국부적인 염증 같은 사건들도 염증 신호를 발생시켜 통증 경험에 기여한다. 이런 전반적인 상황은 우리의 관심과 개입을 불러일으킨다.

방금 언급한 콩팥 산통은 느낌이 정교한 생리학적 메커니즘에 의해 만들어짐을 보여주는 전형적인 예다. 이 생리학적 작용은 유기체가 보거나 듣기 위해 이용하는 생리학적 메커니즘과는 확연히 다르다. 느낌은 특정한 모양이나 소리 같은 특정한 외부 요소를 정확하고 안정적으로 기술한다기보다는 일정한 범위의 가능성들에 대응한다. 느낌은 일정한 범위 내에 있는 **특징들**quality과 경향과 강도 면에서의 **변이**variation를 묘사한다. 비유적으로 말하면, 느낌은 외부의 사물 또는 사건을 간단하게 스냅 촬영하는 것이 아니라, 사물이나 사건과 관계된 쇼 전체와 무대 뒤에서 벌어지는 활동을 동영상으로 촬영한다고 할 수 있다. 느낌은 표면만 묘사하는 것이 아니라, 표면 밑에 있는 것들도 같이 묘사한다.

느낌은 **쌍방향 지각**interactive perception이다. 지각의 전형적인 예인 시각 지각과 비교할 때 느낌은 **전통적이지 않은** 지각이다. 느낌은 유기체 주변뿐만 아니라 '유기체 내부'와 심지어는 '유기체 내부에 위치한 사물들의 내부'에서 느낀 신호들을 수집한다. 느낌은 우리 내부에서 일어나는 행동들과 그 행동들의 결과를 묘사하며, 이런 행동들과 관계된 내부 기관들에 대해 우리가 알 수 있도록 해준다. 이런 이유로 느낌은 우리에게 강력하고 특별한 영향을 미친다.

우리 몸의 내부 기관과 내부 시스템의 작동은 신경계 안에서 단계적으로 표상된다. 처음에는 말초신경계 요소들에서, 다음으로 (뇌간 같은) 중추신경계의 핵들에서, 그 후에는 대뇌피질에서 표상된다. 하지만 몸의 부분들과 신경계 요소들 사이에서는 집중적인 협력이 일어난다. 몸과 신경계는 서로 분리된 '모델'과 '화가'의 관계가 아니라, 상호작용하는 파트너다. 그리하여 궁극적으로 만들어지는 이미지는 완전히 신경계의 작용에 의한 것도 아니고, 완전히 몸의 작용에 의한 것도 아니다. 이미지는 몸의 화학작용과 신경계의 생물전기적 활동 사이의 활발한 상호작용, 즉 대화로부터 만들어진다. 여기서 상황을 더 복잡하게 만드는 것이 있다. 공포나 기쁨 같은 정서 반응이다. 이는 모든 순간 내부 기관 일부에서 추가적인 변화를 일으킨다. 그 결과, 새로운 내부 기관의 상태와 몸-뇌 파트너십이 형성된다(내부 기관은 정서 과정에서 가장 중요한 역할을 한다). 이런 정서 반응은 유기체를 변화시키고, 결과적으로 몸-뇌 파트너십에 의해 만들어진 이미지를 변화시킨다. 이 모든 과정은 새로운 느낌들과(이 단계에서 느낌들은 완전히 '항상성에 의한 것이 아니라' 부분적으로 '정서적인' 상태가 된다) 새로운 정동 상태들을 발생시킨다. 기분은 오랜 시간 동안 지속되는 이런 역학 관계의 결과물이다. 기분은 매일 아침 우리가 일어날 때 느끼는 '열정' 또는 '무기력함'의 근원이다. 흥분/각성, 둔함/졸음의 정도가 다양하게 나타나는 것도 바로 이 기분 때문이다.

* * *

다음의 정의들을 참고하면 앞에서 설명한 내용들을 훨씬 더 분명하게 이해할 수 있을 것이다.

• **항상성**homeostasis

항상성은 살아 있는 유기체가 최적의 기능을 하면서 생존할 수 있는 생리학적 범위(온도, 산성도, 영양 수준, 내부 기관 활성도 등의 범위) 안에 유기체를 유지시키는 과정이다(항상성을 회복하려고 하는 과정에서 유기체가 이용하는 메커니즘을 가리키는 '이상성allostasis[신체가 외부 환경의 변화에 적응하기 위해 스스로 역동적으로 변화함으로써 항상성을 찾아가는 과정 – 옮긴이주]'이라는 용어도 있다).[4]

• **정서**emotion

지각 사건에 의해 촉발돼 함께 일어나는 비자의적인 내부 행동들(평활근[가로무늬가 없는 근육. 내장이나 혈관 따위의 벽을 이룬다. '민무늬근'이라고도 한다 – 옮긴이주] 수축, 심장박동, 호흡, 호르몬 분비, 얼굴 표정, 자세의 변화 등)의 집합. 일반적으로 정서 행동은 (공포나 분노로) 위협에 대처하거나 (기쁨으로) 좋은 상태에 대한 신호를 발생시키는 방식 등으로 항상성 유지에 도움을 준다. 우리가 기억으로부터 어떤 사건들을 소환할 때도 정서가 만들어진다.

• **느낌**feeling

유기체에서 원초적인 상태(배고픔, 목마름, 고통, 쾌락 같은 **항상성 느낌**)나 정서에 의해 촉발되는 상태(공포, 분노, 기쁨 같은 **정서적 느낌**) 등 다양한 항상성 상태들 다음에 발생하거나 그와 동시에 발생하는 마음속 경험.[5]

마음의 내용물이 정확하게 어떤 것이든(풍경이든, 가구든, 소리든, 아이디어든) 이 내용물은 반드시 **정동과 함께** 경험된다. 우리가 지각하거나 기억하는 것들, 추론으로 생각해내려는 것들, 발명하고 싶은 것들, 소통하고 싶은 것들, 우리가 하는 행동, 배우고 다시 기억해내는 것들, 사물이나 행동 그리고 그 사물과 행동의 추상화 결과로 이루어지는 마음속 세계 등 이 **모든** 다양한 과정이 **진행되면서 정동 반응을 일으킨다**. 정동은 느낌으로 변화되는 아이디어들의 세계라고 할 수 있다. 음악적인 비유를 통해 설명한다면 느낌은 우리의 생각과 행동에 반주를 해줄 수 있도록 만드는 악보 같은 역할을 한다.

느낌이 아닌, 마음의 '확실한' 내용물은 정동 과정이라는 막에 그림자를 드리우며 분명하게 흐른다. 마치 움직이는 배경 앞에서 작동하는 인형 같다고 할 수 있다. 하지만 이 확실한 내용물은 대부분 정동 과정과 상호작용한다. '확실한 내용물'에 속한 요소 하나 또는 여러 요소들은 언제라도 쇼 전체를 장악해 새로운 정서와 그에 상응하는 느낌을 만들어냄으로써 쇼 전체를 '달라지게' 만들 수 있다. 그 자리에서 즉흥적으로 만들어지는 악보에 의해 흥미로운 변주가 질서정연하게 이루어지기도 한다. 상황을 정말로 매력적으로 만드는 것은 그 반대의 과정도 가능하다는 사실이다. 즉, 정동은 확실한 내용물이 경험되도록 만드는 무대의 조명을 바꿀 수도 있다는 뜻이다. 정동은 이미지들이 마음의 무대에서 머무는 시간과 그 이미지들이 지각되는 정도를 변화시킬 수 있다. 반면, 마음의 확실한 내용물과 정동은 유기체가 그 확실한 내용물과 정동을 구축하는 방식 면에서 매우 다르며, 완전한 상호작용을 한다. 우리는 정동이라는 자연의 선물이 선사하는 풍부함과 혼란스러움에 감사해야 한다.

생물학적 효율성과 느낌의 기원

효율성은 현대에 접어들어 인간이 만들어냈다고 생각되기 쉬운 개념이다. 하지만 사실 효율성은 수십억 년 전에 출현한 초기 생명체와 그 생명체의 에너지 소비 면에서의 성공적인 작동을 설명할 때 매우 적절하게 적용할 수 있는 개념이다. 당시 효율성은 항상성의 통제를 받았으며 자연선택에 의해 훨씬 더 강화됐다. 항상성 명령에 얼마나 순응하느냐에 따라 에너지 소비의 효율성이 결정되는 현상은 아주 오래전부터 생명체에게 있어 왔으며, 최근에 나타난 현상이 아니다. 박테리아는 이 효율성을 매우 잘 활용한다. 박테리아와 인간 사이에 존재하는, 마음이 없지만 생존에 성공한 수많은 종들도 효율성을 잘 활용하기는 마찬가지다.

그렇다면 느낌이 자연의 역사에서 어떻게 생명을 부분적이지만 적절하게 통제하게 됐는지 살펴보자. 어떻게 **이런 일**이 일어났을까? 처음에 어떤 물리적·화학적 요소는 효율적인 생존과 연관됐고, 또 다른 어떤 물리적·화학적 요소는 기능장애와 죽음과 연관됐을 것이다. 플라톤의 '선의 이데아 form of the good'(모든 실재의 원천인 이데아들의 이데아, 곧 최고의 궁극적 실재)라는 개념은 생명현상의 기저가 되는 물리학적 현상에도 적용할 수 있을 것이다.[6] 하지만 하나의 선택, 즉 고통과 괴로움이 아닌 생명을 위한 선택이 현저하게 확산된 것은 의식의 등장으로 출현이 가능해진 느낌 덕분이다. 모든 느낌은 의식의 일부다. 또한 불쾌한 느낌은 생명을 위협하고 방해하는 상황을 나타내는 반면, 즐거운 느낌은 생명이 번성하는데 도움이 되는 상황을 나타낸다. 느낌/의식이 없었다면 번성과 관련된 메커니즘이 압도적으로 선호되지는 않았을 것이다. 상황이 근본적으로 변화된 것은 의식의 존재 때문이다. 의식의 일부인 느낌만큼 선호를 변화시킬 수 있는 존재는 없었다.

항상성, 효율성, 다양한 종류의 행복감 사이의 연결 관계는 자연에 의해 느낌의 언어로 구축됐으며, 자연선택에 의해 확산됐다. 신경계는 그 관계를 주관하는 역할을 맡았다.

느낌의 역할

인간이 경험하는 느낌은 감각 지도와 이미지를 만들 수 있는 복잡한 신경계가 진화 과정에서 출현한 후에 나타나기 시작했다. 이렇게 나타난 원시적 느낌은 오늘날 인간이 경험하는 정교한 느낌들이 출현하는 데 중요한 징검다리 역할을 했다.

감각 지도와 이미지는 유기체의 내부 상태에 대한 정보를 마음의 흐름에 편입시킨다. 감각 지도와 이미지는 이런 정보를 전달해 느낌의 형성에 핵심적인 기여를 하지만, 느낌에는 이외에 또 다른 역할도 있다. 느낌은 우리가 느낌이 전달하는 정보에 따라 행동하고, 현재 상황에 가장 적절한 행동을 하도록 욕구와 동기를 제공한다. 서둘러 어떤 것을 피해 숨는다거나 보고 싶었던 사람을 껴안는 행동은 모두 느낌에 의한 것이다.

느낌을 구성하는 것은 무엇인가

유기체 내부에서 자동적으로 일어나는 화학적 활동의 목표는 항상성 명령에 따라 생명 과정을 조절하는 것이다. 이 화학적 활동은 유기체의 생존에 적합한 활동 범위와 적절한 양의 에너지 균형positive energy balance(에너지 섭취량이 에너지 소모량보다 많은 상태 – 옮긴이주)을 유지하기 위해 이루어지는데, 이 화학적 활동이 목표를 성취하는 정도는 유기체와 그 유기체가 처한 상황에 따라 다르다. 따라서 특정한 유기체 안에서 일어나는 화학적 활동의 내용은 안정적인 항상성 유지와 생존에 성공했는지 또는 실패했는지 정도를 나타낸다고 할 수 있다. 즉, 이런 화학적 활동의 내용은 현재 진행되고 있는 생명 과정에 대한 자연적인 평가 척도인 것이다.

느낌이 이 모든 상황에 개입하는 이유는 생명 과정 조절의 성공 또는 실패 '정도'와 우리가 경험하는 긍정적 또는 부정적 느낌 사이에 규칙에 기초한 분명한 상관관계가 있기 때문이다. 우리 마음속 경험을 이루는 정동은 이런 식으로 우리 안에서 일어나는 생물학적 과정의 내용을 반영한다.

생리학적으로 느낌을 처음 구성하는 것은 유기체 내부의 화학적 내용들의 조합이다. 이런 분자 수준의 화학적 내용물은 진화 과정에서 신경계가 출현하기 전에도 있었을 것이다. 하지만 그렇다고 해서 신경계가 없는 단순한 유기체들이 느낌의 경험으로 시작되는 마음속 경험을 할 수 있었다는(있다는) 뜻은 아니다. 느낌은 화학적 조절 과정을 반영하며, 화학적 조절 과정이라는 **초기 조건**이 없으면 발생할 수 없다. 하지만 느낌이 발생하려면 이 외에도 또 다른 조건이 만족돼야 한다. 몸의 화학적 활동과 신경계 내 뉴런들의 생물전기적 활동 사이의 대화가 바로 그 조건이다. 화학 분자들의 활동은 느낌이라는 과정에 불을 붙일 수는 있지만, 그 활동만으로는 느낌을 출현시킬 수 없다.

느낌이 만들어지는 곳

이제 느낌이라는 비밀의 세계를 본격적으로 탐구해보자. 지금까지 나는 느낌의 근원이 우리 유기체 내부의 화학적 활동이라고 말했다. 그렇다면 느낌은 어떤 방식으로 그리고 어디에서 만들어지는 것일까?

느낌이 만들어지는 과정의 기저는 다양한 경로로 이루어지는, 유기체의 모든 항상성 조절을 담당하는 화학적 장치들과 연관된다. 느낌의 형태로 표현되는 평가 결과의 질과 강도, 즉 정서가valence(감정의 긍정 혹은 부정의 정도 – 옮긴이주)는 유기체 내의 분자, 수용체, 행동에 의해 결정되기 때문이다.

이런 정교한 화학적 활동이 어떻게 일어나는지에 관해 그 구체적인 바는 아직 밝혀지지 않았지만, 특정한 분자들이 특정한 수용체들에서 작용해 특정한 행동을 일으키는 것까지는 알려졌다. 이런 행동들은 생명 유지를 위해 유기체 내부에서 이루어지는 노력의 일부이며, 행동들 하나하나는 그 자체로 중요하다. 더불어서 이 행동들의 합 역시 특정한 유기체의 생명 관리에 기여하며 그만큼의 중요성을 갖는다. 여기까지는 이해하기 쉽다. 하지만 여기서 분명하지 않은 것은 분자들과 수용체들이 이런 작용을 한 결과, 느낌이 우리 안의 주관적인 경험으로부터 일으키는 '마음의 움직임', 느낌의 '질'에 연관되는 방식이다.

이 의문에 대한 답을 찾으려면 외부 세계의 사물이나 행동에 대한 일반적인 지각은 유기체의 말단에 위치한 신경 장치에서 발생하지만, 느낌은 우리의 내부에서 발생하며 한 영역에서만 발생하는 것이 아니라는 점을 떠올려야 한다. 우리가 볼 수 있도록 도움을 주는 망막 지도, 만질 수 있도록 도움을 주는 피부 내 촉각 소체 등은 감지와 기술description이라는 기적을 일으키지만, 이들은 우리의 생명과 직접적인 관련은 없다. 망막 지도나 피부 내 촉각 소체는 우리의 생명 유지 활동의 성공 혹은 실패와는 직접적으로 관련이 없지만, 느낌과는 직접적인 관련이 있다.

느낌/지각의 실제 **대상**은 유기체 자체의 일부이기 때문에 그 대상은 **주체/지각자**subject/perceiver **안에** 위치해 있다. 놀라운 일이 아닐 수 없다. 시각이나 청각 같은 외부 지각에서는 그렇지 않다. 시각이나 청각 지각의 대상은 우리 몸과 소통하지 않는다. 우리가 보는 풍경이나 우리가 듣는 노래는 **우리 몸 안에 들어오지도 않을뿐더러 몸과 직접 접촉하지도 않는다**. 풍경이나 노래는 물리적으로 떨어져 있는 공간에 존재한다.

하지만 느낌은 이와는 근본적으로 다른 방식으로 발생한다. 우리의 느낌과 지각의 대상 그리고 주체는 같은 유기체 안에 존재하기 때문에 이 대상과 주체는 **상호작용**할 수 있다. 중추신경계는 특정한 느낌을 일으키는 몸 상태를 변화시킬 수 있으며, 그렇게 함으로써 느껴지는 것을 변화시킨다. 이는 **외부 지각의 세계에서는 일어날 수 없는 놀라운 상황이다**. 우리는 보는 과정에서 보고 있는 대상을 변화시키기를 원할 수도 있고, 심지어는 우리가 생각하고 있는 특정한 이미지를 미화하고 싶을 수도 있다. 하지만 안타깝게도 이런 변화는 상상 속에서만 가능하지 **실제로는** 일으킬 수 없다.[7]

느낌에 특이성을 부여하는 물리적 변화가 일어나는 이유는 우리 몸 내부에서 행동이 끊임없이 촉발되고, 그에 따라 우리 몸 내부의 광범위하고 다층적인 신경 지도에 이런 행동이 일어난 결과가 반영되기 때문이다. 또한 이런 지도가 몸의 다양한 영역들과 행동들에 연관되기 때문이다. 이 지도들은 느낌의 다양한 '색깔'의 가장 큰 원천이다. 이 지도들은 유기체가 경험하게 되는 (긍정 또는 부정, 쾌적함 또는 불편함, 유쾌함 또는 불편함을 나타내는) 정서가를 만들어낸다.

근육 섬유의 느슨해짐과 이완, 특정 기관의 협착과 수축, 내부 기관 또는 골격계의 실제 움직임 등 몸에서 일어나는 행동들은 매우 다양하다. 이런 행동들은 순차적으로 만들어지며 매우 미세하게 분화되는 지도에 반영된다. 느슨해짐과 이완은 우리가 **행복감**이나 **즐거움**이라고 부르는 느낌의 생성에 기여하며, 협착과 수축은 우리가 **불편함** 또는 **불쾌감**으로 부르는 느낌의 생성에 기여한다. 결국 우리는 긴장한 근육이나 상처에 대한 정교한 쌍방향 지도로 우리가 **고통**pain이라 부르는 극도로 불편한 느낌을 만들어내는 것이다.

특정한 유기체가 느끼는 즐거움과 고통은 기관이나 근육보다 더 깊은 곳에서 시작된다. 즐거움과 고통은 특정한 유기체 내부의 조직, 기관, 시스템을 변화시키는 분자들과 수용체들의 행동으로 시작되며, 몸이 만드는 신호들을 처리하는 신경 네트워크들에 이런 분자들의 일부가 작용하는 경우에 계속된다.

느낌과 내수용감각계

지금까지 우리는 어떻게 신경계가 **몸 안에** 존재하는지, 어떻게 몸과 신경계가 매개 물질 없이 직접적으로 상호작용하는지 살펴봤다. 한편, 신경계는 유기체 외부의 세계와 **분리돼** 있기도 하다. 신경계는 시각이나 청각처럼 몸 안에 확실히 존재하며 몸을 매개 물질로 사용하는 감각 과정을 통해 외부 세계를 지도화한다.

우리가 외부 세계의 사물들을 '표상하거나', '지도화한다'라고 말할 때, 이 '지도화'라는 개념에는 '지도'와 '지도화되는 사물' 사이의 거리가 있다는 개념을 당연히 포함한다. 예를 들어, 몇 분 전에 나는 테라스에 나가 산타 모니카 산 밑으로 저무는 해와 황혼을 봤는데, 그때도 지도와 지도화되는 사물 사이에는 거리가 있었다.

우리의 몸 그리고 느낌의 생성과 관련해 지도화라는 개념을 사용할 때는 주의해야 한다. 지도는 몸 구조와 상태를 있는 그대로 '반영하거나' 또는 '그림으로 나타낸' 것이 아니기 때문이다. 이는 지각의 분리적인 성질을 보여주는 또 다른 예다. 반면, 느낌은 분리적인 성질이 전혀 없다. 느낌과 느껴지는 것 사이에는 거리가 거의 없다. 느낌은 몸 구조와 신경계 사이에 이루어지는 놀라울 정도로 밀접한 대화 덕분에 우리가 느끼는 사물/사건과 혼합된다. 또한 이런 밀접성은 그 자체가 몸에서 신경계로의 신호 전송을 담당하는 시스템, 즉 **내수용감각계**interoceptive system의 특성들이 작용한 결과물이다.[8]

내수용감각계의 첫 번째 특징은 내수용감각계 대부분에서 수초화에 의한 절연이 거의 일어나지 않는다는 것이다. 뉴런에는 보통 **세포체**와 **축삭**이 있다. 축삭은 **시냅스**(신경접합부, 한 뉴런에서 다른 뉴런으로 신호를 전달하는 연결 지점 – 옮긴이 주)로 이어지는 일종의 '케이블'이며, 시냅스는 옆의 뉴런과 접촉해 그 뉴런을 활성화시키거나 억제한다. 그 결과, 뉴런이 발화하거나 조용해진다.

수초myelin는 축삭을 외부와 화학적 · 생물전기적으로 단절(절연)시킨다. 하지만 수초가 없으면 축삭 주변의 분자들은 축

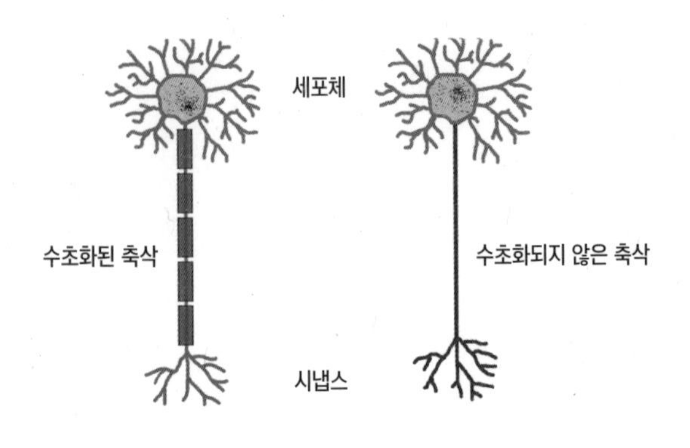

수초화되지 않은 축삭은 주위와 절연되지 않는다.

삭과 상호작용해 축삭의 발화 가능성을 변화시킨다. 게다가 이 경우에는 다른 뉴런들이 시냅스 부분에서가 아니라 축삭을 따라 시냅스와 접촉해 소위 **비시냅스 신호전달**non-synaptic signaling을 촉발할 수 있다. 이 과정은 **전적으로 신경적인 과정이 아니다**. 이 과정은 이 과정이 일어나는 몸과 분리돼 있지 않기 때문이다. 이와는 대조적으로, 수초화된 축삭이 많으면 뉴런과 뉴런들이 구성하는 네트워크는 주변 환경의 영향으로부터 단절된다.

내수용감각계의 두 번째 특징은 신경 활동을 혈액순환과 분리하는 장벽이 없다는 것이다. 이 장벽은 (중추신경계의) '혈

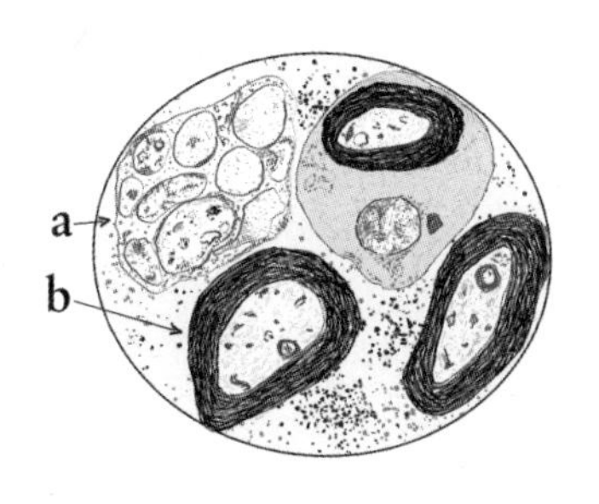

수초화되지 않은 축삭(a)과 수초화된 축삭(b)을 보여주는 신경 단면도.

액-뇌 장벽blood-brain barrier', (말초신경계의) '혈액-신경 장벽'이라고 부른다. 이 장벽의 부재는 혈액을 따라 순환하는 분자들이 뉴런 세포체와 직접 접촉하는 배근 신경절背根 神經節, spinal ganglia이나 뇌간 신경절처럼 내수용감각 과정에 연관된 뇌 영역들에서 두드러진다.

이런 특징들로 인해 발생하는 결과는 매우 주목할 만하다. 수초에 의한 절연 작용과 혈액-뇌 장벽이 없으면 **몸에서 발생하는 신호들이 신경 신호들과 상호작용하는 결과**가 발생하기 때문이다. 어떤 경우에도 내수용감각은 신경계 내부의 몸에 대한 일반적인 지각 표상이라고 볼 수 없다. 그보다는 신호들이 광범위하게 혼합되는 현상이 일어나기 때문이라고 봐야 한다.

느낌의 기능

지금쯤이면 이 책을 읽는 독자들에게 느낌의 기원이 명확해졌을 것이다. 느낌은 유기체의 내부에서, 생명의 모든 측면을 관장하는 화학적 활동이 일어나는 몸의 내부 기관들과 체액 수준에서 발생한다. 느낌은 대사 작용과 방어 작용을 담당하는 내분비계, 면역계, 순환계에서 발생한다는 뜻이다.

그렇다면 느낌의 '기능'은 무엇일까? 문화와 과학의 역사를 살펴볼 때 느낌의 역할은 신비스럽고 이해하기 힘들어 보이지만, 이 의문에 대한 답은 분명하다. 느낌은 생명 조절에 도움을 준다는 것이다. 더 구체적으로 말하면, 느낌은 기민한 감시병 역할을 한다고 할 수 있다. 느낌은 **마음이 있는 모든 존재에게 그 마음이 속한 유기체 내부의 생명 상태를 알려준**

다. 또한 느낌은 그 마음이 느낌의 메시지에 담긴 긍정적 또는 부정적 신호에 따라 행동하도록 동기를 부여한다.

느낌은 유기체 내부의 생명 상태에 대한 정보를 수집하며, 느낌으로 표현되는 '질과 강도'는 생명 조절 과정에서 평가의 척도가 되어 그 결과를 구성한다. 느낌은 우리 몸 안에서 일어나는 생명 활동의 성공 또는 실패 정도에 대한 직접적인 표현이다. 유기체에게 생명 유지는 힘든 일이다. 게다가 우리 몸은 단지 생명 유지를 가능하게 하는 수준을 넘어 왕성하게 생명을 유지하기 위해 복잡하고 다원적인 노력을 한다. 생명의 왕성함은 '포만감'과 '번성함'으로, 균형 잡힌 생명 과정은 '행복감'으로 느껴지는 반면, '불편함', '불쾌감', '고통'은 생명 조절의 노력이 실패했음을 의미한다.

우리 같은 생명체가 극적인 상황을 직면했을 때 가장 중요한 일은 우리 유기체 내부의 일관성과 응집도를 유지하는 것이다. 그 순간 나를 둘러싸고 있는 무생물들의 일관성과 응집도는 그 무생물들이나 나에게 전혀 문제가 되지 않는다. 내 주변의 책상, 의자, 선반, 책 같은 사물들은 내가 도끼를 들어 부수지 않는 한 변하지 않는다. 하지만 나의 생명과 나의 생명이 활성화하는 유기체의 일관성과 응집도는 그렇지 않다. 나는 나라는 유기체에게 아침과 점심을 먹여야 하고, 적절한 환경 속에 계속 놓이도록 해야 하며, 질병을 예방하거나 피해야 하며, 만일 질병에 걸리면 치료해야 한다. 심지어 나는 내 주변 사람들과 건강한 사회적 관계를 풍부하게 맺고 그 관계를 유지해야 한다. 이런 사회적 관계가 나라는 유기체 내부의 상태나 항상성 명령에 따른 생명 조절 과정에 방해가 되지 않도록 만들기 위해서다.[9]

느낌은 조정이 가능하고 동적인 우리 유기체 내부에서 발생하며, **질적인 동시에 양적이다**. 느낌은 **정서가**를 드러낸다. 정서가란 느낌의 경고와 조언이 가치를 가지는 정도, 필요할 때 우리의 행동에 동기를 부여하는 정도를 말한다. 내가 항상성 명령에 따른 느낌을 경험할 때, 즉 나의 몸에서 특정한 생리학적 현상이 나타날 때, 그에 대한 나의 내부 평가가 반영되는 상황에서 제일 먼저 알게 되는 것은 내 생명의 상태다. **이와 동시에** 그 경험의 부정적 또는 긍정적 정서가는 상황을 바로잡거나 받아들이라고 내게 권고한다. 정서가는 내가 어떤 새로운 행동을 하도록 만들거나 기존의 행동을 계속하도록 만든다.

내 주변의 사물들을 보거나, 소리를 듣거나, 사물을 만질 때나, 다른 생명체를 볼 때 각각의 상황이 얼마나 다른지 생각해보자. 이 각각의 상황에서 나는 정보를 받아들이는 위치에 있다. 여전히 나는 사물이나 유기체의 존재와 특성에 대한 '정보를 주입받는' 상태지만, 그 정보의 원천은 외부 세계의 사물과 유기체들이다. 나는 외부 세계의 사물에 대한 정보를 받아들이는 것이지, 내가 보거나 듣거나 만지는 실체들의 내부에 대한 정보를 받아들이지 않는다. 이런 실체들과 나 사이에는 지각적 거리가 있다. **이 실체들은 나라는 유기체 내부에 있지 않다.**

느낌이라는 화재경보기

배고픔이나 목마름 같은 느낌은 에너지원 또는 이상적인 체내 수분량의 감소를 매우 명료하게 나타낸다. 이런 감소가 일어나면 생명 유지가 힘들어진다는 점을 감안할 때, 느낌이 이런 소중한 정보를 제공하는 역할 이상을 한다는 것은 감사한 일이 아닐 수 없다. 느낌은 이런 정보에 따라 우리가 행동을 하게 만들기 때문이다. 느낌은 우리의 행동에 동기를 부여한다.

느낌이 발생하는 과정은 매우 분명하다. 수많은 기초적이고 미세한 메시지들이 몸의 조직과 기관으로부터 (1) 순환하는 혈액을 거쳐 신경계로 이동하거나 (2) 몸의 조직과 기관의 신경 말단들로 직접 이동한다. 신호가 중추신경계, 즉 척수와 뇌간 등에 도착하면 이 신호는 느낌이 발생하는 과정이 더 깊게 진행되는 장소인 다양한 신경 중심들에 이르는 수없이 많은 길과 직면하게 된다. 마지막으로 이런 복잡한 신호 궤적들은 정보를 담은 심상을 만든다. 예를 들어, 입안이 마르거나, 배에서 꼬르륵 소리가 나거나, 몸에서 힘이 빠지는 느낌 같은 이미지는 우리 몸에 문제가 발생했음을 알려주는 표지로 기능한다. 이 이미지들에는 걱정과 불편함 같은 정서 상태가 동반되며, 이런 정서 상태는 기왕의 행동을 수정하는 형태로 반응이 일어나도록 만든다.

느낌이 촉진하거나 요구하는 반응들의 대부분은 이성理性에 기초한 개입 없이 자동적으로 일어난다. 앞에서 내가 언급한 극단적인 예는 호흡 과정과 배뇨 과정에서 찾을 수 있다. 심한 천식이나 폐렴 때문에 체내의 공기 흐름이 감소하거나 방해를 받으면 '호흡곤란air-hunger'이라는 절박한 상태가 자동적으로 동반되고, 이 호흡곤란은 환자와 환자를 지켜보는 사람들에게 공포를 일으킨다. 방광이 가득 차 발생하는 배뇨 욕구는 호흡곤란만큼 극적이진 않지만, 당황스러운 상황을 만들 수 있다. 이 상황도 항상성 위기가 강력한 정서 형태로 표현되며 긴급하고 참을 수 없는 욕구가 느껴지는 사례라고 볼 수 있다.[10]

간단히 말하면, 자연은 우리에게 느낌이라는 화재경보기, 소방차, 의료시설을 제공했다고 할 수 있다. 자연이 지금까지 이 전략을 완성해오고 있다는 증거는 중추신경계가 면역 반응을 조절한다는 최근의 연구 결과에서 찾을 수 있다. 중추신경계의 이런 면역 조절은 시상하부에서 이루어진다. 시상하부는 대뇌피질과 뇌간, 척수 사이에 위치한 중추신경계 영역인 간뇌의 일부로 우리 몸 전체에서 대부분의 호르몬 분비를 담당하는 내분비계를 통제한다. 최근의 연구 결과에 따르면 시상하부는 특정 감염원에 대처하는 항체를 생성하도록 지라(척추동물의 림프 계통 기관. 위의 왼쪽 혹은 뒤쪽에 있으며, 오래된 적혈구나 혈소판을 파괴하거나 림프구를 만들어내는 작용을 한다–옮긴이주)에 지시하는 역할을 한다. 바꿔 말하면, 면역계는 우리의 운명을 우리가 의식적으로 통제하지 못하는 상태에서 복잡한 신경계와 협력해 항상성을 증진시킨다.

이 사실 못지않게 흥미로운 것은 느낌이 발생하는 과정의 최상위에 위치한 뇌섬 피질insular cortex과 위 점막stomach mucosa 내 신경 분포와의 연관관계다. 우리는 위궤양을 일으키는 직접적인 요인이 특정한 박테리아라는 사실을 알고 있다. 하지만 그 박테리아가 우리에게 위궤양을 일으키도록 허용하는 과정에는 우리의 정서가 하나의 요소로 작용한다.

항상성 명령에 따른 느낌

항상성 명령에 의한 느낌은 어디서 시작될까? 이에 대한 합리적인 첫 번째 대답은 (1) 긍정적 또는 부정적 에너지 균형 (2) 염증 및 감염 혹은 면역 반응의 존재 또는 부재 (3) 욕구의 분출과 목표 사이의 조화 또는 부조화 같은 생리학적 요소들과 관련하여 유리하거나 불리한 생명 상태를 나타내는 분자들로부터 시작된다는 것이다.

이 느낌과 관계된 핵심적인 분자는 생체 내 아편 유사물질 opioid, 세로토닌, 도파민, 에피네프린, 노르에피네프린, P물질 substance P (11개의 아미노산으로 이루어진 신경전달물질) 등 그 종류가 매우 다양하며, 이 모든 물질은 느낌의 생성에서 상당히 큰 역할을 한다. 이 분자들 중 일부는 생명의 출현과 거의 동시에 발생했으며, **신경계가 없는** 수많은 유기체들에서도 작용하는 이른바 '신경전달물질'이다. 하지만 사실 이 물질들은 신경전달물질이 아니다. 이 물질들은 뇌가 있는 생명체에서 처음 발견됐지만, 이런 물질들이 일으키는 효과는 이 물질들이 분비된 후에 반드시 종료된다고 말할 수 없기 때문이다. 이 물질들의 분비로 몸 전체의 작동에 초래된 변화는 중추신경계에 영향을 미치는 내수용감각계에 의해 해석돼 그 순간의 마음속 경험을 변화시킨다. 이 과정은 피부, 흉부와 복부의 내부 장기, 혈관 같은 몸 조직에 퍼져 있는 신경섬유 말단들과 이 신경섬유 말단들이 척수 내 신경절, 3차신경절, 척수 안으로 들어간 부분들을 통해 진행된다. 이 부분들에서부터 뉴런들은 뇌간 핵들(방완핵과 수도관 주위 회색질), 편도 핵들, 기저전뇌 핵들로 신호를 보낼 수 있게 된다. 마지막으로, 이 신호들은 뇌섬과 대상 영역의 대뇌피질에 도달한다.

항상성 명령에 따른 느낌들이 모두 나쁜 소식을 전하거나 위험을 경고하는 것은 아니다. 유기체가 잘 작동하는 데 필요한 것과 유기체가 실제로 얻는 것 사이에 균형을 잘 유지하면서 유기체가 기능할 때, 기후 면에서 환경이 적당할 때, 우리가 속한 사회적 환경과 갈등이 없을 때 우리는 다양한 형태와 강도의 **행복감**을 느낀다. 이 행복감은 즐거움의 경험에 이를 정도로 매우 풍부하고 집중적으로 느낄 수 있다. 부정적인 항상성 느낌도 이와 비슷하다. 불쾌감도 고통의 경험에 이를 정도로 집중적으로 느낄 수 있다.

항상성 명령에 의한 고통의 느낌은 우리에게 자동적인 진단을 제공한다. 살아 있는 조직의 특정 영역에 이미 발생한 피해 또는 상황에 빠르게 대처하지 않으면 곧 일어날 피해를 이 느낌이 진단하는 것이다. 이렇게 진단된 피해 요인들은 제거되거나 약화되어야 한다. P물질은 이런 고통의 느낌을 느끼는 과정에서 핵심적인 역할을 한다. 코르티솔과 코르티코스테론corticosterone이 분비되는 것은 고통을 유발하는 피해 요인들에 대응하는 과정의 일부다.[11]

느낌의 사회학

우리는 질병이 불편함과 고통을, 건강함이 즐거움을 일으킨다는 것을 잘 알고 있다. 하지만 우리는 생리학적·사회문화적 상황도 고통이나 즐거움, 불쾌감이나 행복감을 일으키는 방식으로 항상성 장치에 영향을 미친다는 사실은 간과할 때가 많다. 가차 없이 경제성을 추구하는 자연은 우리의 개인적인 심리 상태나 사회적 환경의 좋고 나쁨에 대처할 새로운 장치를 굳이 만들지 않았다. 대신 자연은 기존 장치들을 그대로 사용한다. 작가나 철학자들은 이 사실을 오래전부터 알고 있었다. 보통 사람들이 이 사실을 아직도 잘 모르는 이유는 사회문화적 환경이 미치는 영향이 의학적 환경이 미치는 영향에 비해 훨씬 더 모호하기 때문일 것이다.

하지만 사회적으로 수치를 당할 때 느끼는 고통은 악성종양으로 인한 고통만큼 심하다. 배신을 당하면 칼에 찔린 듯한 고통을 느끼며, 사회적으로 존경받을 때 느껴지는 즐거움은 절정의 쾌락에 필적한다.[12]

"하지만 이 느낌, 마음 때문만은 아니라오."

이 장의 제목은 제롬 컨이 작곡하고 프레드 아스테어, 프랭크 시나트라, 엘라 피츠제럴드 등이 부른 〈이제 춤 못 추겠어 I Won't Dance〉라는 노래의 가사 중 일부다. 이 노래가 인기를 끈 이유의 상당 부분은 도로시 필즈와 지미 맥휴가 원래 가사의 일부를 수정한 데에 있다. 이 노래의 가사 중 '하지만 이 느낌, 마음 때문만은 아니라오' 다음에 나오는 가사는 '신이시여, 나는 돌덩이가 아닙니다For heaven rest us, I'm not a asbestos'다. 이 가사는 사랑이 마음속에만 있는 것이라, 자신과 같이 춤을 추고 있는 연인의 몸에서 느껴지는 육체적 흥분 속에도 존재한다는 뜻을 내포한다. 남자는 돌덩이로 만들어지지 않았다. 남자는 뜨거운 피가 흐르는 육체를 가진 사람이다. 남자는 연인과의 접촉과 낭만적인 느낌에 **육체적으로** 반응한다. 남자는 당황해서 어쩔 줄 모르며 말한다. "이제 춤 못 추겠어."

때로는 대중의 지혜가 정교한 과학보다 낫다. 남자의 느낌은 순전히 마음속에서 일어난 것이 아니었다. 그 느낌은 마음과 몸이 혼합돼 만들어진 것이고, 마음에서 몸으로, 다시 몸에서 마음으로 끊임없이 이동하는 느낌이며, 마음의 평화를 깨는 느낌이며, 이 노래와 이 장의 주제를 담은 느낌이다. 여기서 내가 덧붙일 말은 느낌의 힘은 **의식 있는 마음** 안에 존재한다는 사실에서 비롯된다는 것이다. 엄밀하게 말하자면, 우리가 느끼는 것은 마음에 의식이 있기 때문이며, 우리에게 의식이 있는 것은 느낌이 있기 때문이라고 할 수 있다. 말장난이 아니다. 나는 겉으로는 모순적으로 보이지만, 사실은 매우 실제적인 사실을 말하고 있다. 느낌은 의식이라는 모험의 시작이었고, 지금도 그렇다.

On Consciousness and Knowing

4장

의식과 앎에 관하여

왜 의식인가

최근 들어 왜 수많은 철학자와 과학자가 의식에 관해 글을 쓰고, 그전에는 과학자들과 대중의 관심 밖에 있던 주제가 왜 요즘 들어 연구의 주제, 호기심의 대상이 되고 있을까? 답은 매우 간단하다. 의식이 중요하다는 것을 대중이 알기 시작했기 때문이다.

의식의 중요성은 의식이 인간의 마음에 직접적으로 가져다주는 것과 그럼으로써 의식이 그 마음으로 하여금 발견하도록 만드는 것에서 비롯된다. 의식은 우리가 관찰하고, 사고하고, 추론하는 과정에서 겪는 즐거움에서부터 고통에 이르기까지의 마음속 경험을 가능하게 한다. 또한 외부 세계와 내부 세계를 기술할 때 필요한 지각, 기억, 조작을 가능하게 만든다. 우리가 의식이라는 요소를 우리의 현재 마음 상태에서 제거한다고 해도, 우리의 마음속에는 이미지들이 흐를 것이다. 하지만 그 이미지들은 우리 개개인의 마음속에서 서로 연결되지 않을 것이다. 이미지들은 당신이나 나 또는 그 누구에 의해서도 소유되지 않을 것이다. 이미지들은 정처 없이 무작위로 흐를 것이다. 이런 이미지들이 누구에게 속한 것인지는 아무도 모를 것이다. 그렇다면 끝없이 바위를 산 위로 밀어 올리는 벌을 받게 된 그리스 신화 속 인물 시시포스도 별로 힘들지 않을 것이다. 시시포스가 비극적인 인물인 유일한 이유는 자신이 받고 있는 끔찍한 형벌이 **자신이 받는** 형벌이라는 사실을 알고 있기 때문이다.

의식이 없으면 아무것도 **알려질** 수 없다. 의식은 인간의 문화가 발생하는 데 필수적이었으며, 인간 역사의 진행 과정을 변화시키는 데도 일정한 역할을 했다. 의식의 중요성은 아무리 강조해도 지나치지 않는다. 하지만 의식이 어떻게 발생하는지 이해하는 것은 거의 불가능한 미스터리라고 생각하기 쉽다.

의식은 수많은 척추동물과 무척추동물에도 있을 가능성이 높은데도, 의식이 **인간에게** 얼마나 중요한지 지금 이렇게 쓰고 있는 이유는 뭘까? 이런 동물들에게도 의식이 중요하지 않을까? 그럴 것이다. 아니, 분명히 그렇다. 나는 인간이 아닌 동물들의 능력이나 이들에게 의식이 갖는 중요성을 무시하는 것이 아니다. 나는 단지 다음과 같은 사실을 말하고 있을 뿐이다. (1) 인간이 경험하는 고통과 괴로움은 집중적이고 집요하게 창의성을 촉발해 부정적인 느낌에 대처할 수 있는 온갖 종류의 창의적 장치들을 만들어냈으며, 이 장치들은 다시 창의적인 순환을 일으켰다. (2) 행복감과 즐거움에 대한 의식은 인간이 개인적 차원과 사회적 차원에서 삶에 유리한 조건들을 확보하고 강화할 수 있는 수많은 방법들을 만들어냈다. 물론 인간이 아닌 생명체들도 고통이나 행복감에 유사한 방식으로 반응한다. 하지만 그 반응 방식은 더 단순하고 직접적이다. 예를 들어, 인간이 아닌 생명체도 고통의 원인을 피하거나 완화시킬 수 있지만, 그 원인 자체를 변화시킬 수는 없다. 인간이 의식을 가지게 됨에 따라 발생한 결과는 그 범위가 놀라울 정도로 넓다. 주목해야 할 점은 이렇게 결과의 범위가 넓은 이유가 인간이 가진 의식의 핵심 메커니즘이 다른 생명체의 그것과 다르기 때문이 아니라, 인간 지능의 원천이 훨씬 더 넓고 깊기 때문이라는 것이다. 인간 지능의 원천이 이렇게 깊고 넓기 때문에 새로운 물체, 행동, 아이디어를 만들어냄으로써 괴로움에서부터 즐거움에 이르는 넓은 범위의 경험에 대처할 수 있었다. 그리고 이런 물체, 행동, 아이디어는 인간 고유의 문화로 이어졌다.[1]

이런 시나리오에서 예외로 보이는 것들이 있다. '사회성' 곤충으로 알려진 일부 곤충이다. 이 곤충들은 복잡하고 '창의적인' 반응들을 조합할 수 있다. 사회성 곤충들의 이런 행동은 일반적인 의미의 '문화'라는 개념에 확실히 부응한다. 벌이나 개미가 여기에 해당하는데, 이 곤충들은 정교하게 '도시'를 건설하는 조직적인 도시성과 문명성civility을 보인다. 의식을 가지고, 의식에 의해 창의성이 강화되기에는 이 곤충들이 너무 작은 게 아닐까? 전혀 그렇지 않다. 나는 이 곤충들이 자신이 경험하는, 의식에 의한 느낌에 의해 움직인다고 생각한다. 단지, 이 곤충들의 행동은 대부분 똑같이 반복되기 때문에 이 곤충들의 이런 문화적인 행동의 진화가 제한되는 것이다. 즉, 이 곤충들은 진화를 하지 않고 '고정돼 있다'라고 말할 수 있다. 하지만 그렇다고 해서 수십만 년 전에 이미 이 곤충들이 이런 행동을 하기 시작했다는 것과 이 곤충들에게서 의식이 한 역할이 놀랍지 않은 것은 아니다.

의식이 인간에게 특별한 영향을 미치기 위한 또 다른 조건은 일부 포유동물이 다른 포유동물의 죽음에 반응하는 방식에서 찾을 수 있다. 코끼리의 장례 의식(코끼리들이 다른 코끼리가 죽었을 때 마치 애도하듯이 죽은 코끼리 주변을 둘러싸는 행동–옮긴이주)이 대표적인 예다. 코끼리들은 동족의 고통과 죽음을 지켜봄으로써 고통에 대한 의식이 촉발돼 이런 반응을 보이는 것이 분명하다. 단, 인간과 다른 점이 있다면 이런 반응을 할 때의 발명의 범위, 복잡성과 효율성의 정도다. 이런 예외적인 행동은 반응의 차이가 특정한 종이 가진 의식의 속성이 아니라 지적 능력과 관련된다는 생각을 뒷받침해준다.

의식으로 인해 가능해진 반응의 효율성은 느낌의 부정적 또는 긍정적 측면이나 느낌의 부정적 또는 긍정적 정서가에서 기원하는 것일까? 나는 죽음의 인식, 고통, 괴로움이 행복감이나 즐거움보다 훨씬 더 강력하게 작용했다고 생각한다. 이 점에서 나는 아브라함 계통의 종교(유대교, 기독교, 이슬람교 등)나 불교 같은 종교를 비롯한 다양한 종교가 이런 인식에서 발생했다고 생각한다. 역사적·진화적 관점에서 볼 때 의식은 **일종의** 금단의 열매였다고 생각할 수 있다. 일단 그 열매를 먹게 되면 고통과 괴로움을 알게 되고, 결국 죽음과 비극적으로 대면하게 되기 때문이다. 이런 관점은 진화 과정에서 의식이 느낌, 특히 부정적인 느낌에 의해 도입됐다는 생각과 매우 밀접하게 연결된다.

기독교 경전에 나오는 이야기들과 그리스 연극에서 비극의 원천으로 확립된 죽음은 현재까지도 예술 작품들에서 같은 위치를 유지하고 있다. 위스턴 휴 오든Wystan Hugh Auden(영국의 시인으로 병든 사회를 정신분석과 사회의식을 합친 수법으로 파헤쳤다-옮긴이주)은 자신의 작품에서 인간을 지쳤지만 여전히 반항적인 검투사에 비유했다. 검투사는 잔혹한 황제에게 외친다. "죽어야 하는 우리는 기적을 요구한다." 오든은 '필요하다'나 '요청한다'라는 말을 쓰지 않고, '요구한다demand'라는 말을 썼다. 이 말은 시인이 한 인간이 피할 수 없는 죽음과 대면하는 것을 어쩔 수 없는 상황에서 절박하게 지켜보고 있음을 확실히 보여준다. 오든은 "그 어떤 것도 우리를 구할 수 없다"는 것을 알고 있었다. 이 인식은 그다지 독창적이지 않지만, 수많은 종교와 철학의 기본적인 결론이며, 죽은 이를 눈물로 보내는 사람들이 받아들이는 교회의 가르침이다.[2]

하지만 고통에 언젠가 즐거움이 찾아올 것이라는 기대가 수반되지 않았다면, 인간은 괴로움을 피하려고만 할 뿐 행복을 추구하지는 않았을 것이다. 결국 우리는 우리의 창의성이 때때로 우리에게 선사하는 고통과 즐거움의 꼭두각시인 것이다.

의식의 개념

'의식'이라는 말은 명확한 정의 없이 수많은 의미를 가진 일종의 언어학적 악몽 같은 말이다. 의식을 가리키는 영단어 'consciousness'는 셰익스피어 시대에는 존재하지도 않았던 말이며, 로망스어군(프랑스어, 이탈리아어, 포르투갈어, 스페인어 등)에서는 직접적으로 대응하는 단어조차 없다. 따라서 이 언어들의 화자는 'conscience'(양심) 같은 말을 대신 사용하면서 문맥을 통해 자신이 전달하고자 하는 이 '양심'이라는 말의 의미를 드러낸다.[3]

'의식'이라는 말이 가진 다양한 의미들의 일부는 관찰자/화자의 관점과 관련된다. 철학자, 심리학자, 생물학자, 사회학자 같은 사람들은 의식에 대해 분명한 시각을 가지고 있다.

특정한 문제가 '자신들의 의식 속에' 있을 수도 있고 그렇지 않을 수도 있다는 말을 듣는 보통 사람들, 의식이 깨어 있거나 주의를 집중하거나 단순히 마음이 갖는 상태를 묘사하는 유식한 말일 것이라고 생각하는 보통 사람들 역시 의식에 대한 분명한 시각을 가지고 있다고 할 수 있다. 하지만 문화적인 요소들을 거둬내면, '의식'이라는 말에는 **핵심적인 의미**가 존재한다. 신경과학자, 생물학자, 심리학자, 철학자들이 다양한 방법으로 의식에 접근하고 서로 다른 방식으로 의식을 설명하고 있지만, 이들에게는 공통적인 하나의 인식이 존재한다. 대체로 이들은 '의식'이 **마음속 경험**과 같은 말이라고 생각한다.

그렇다면 마음속 경험은 무엇일까? 마음속 경험은 서로 연관된 두 가지 두드러진 특징이 있는 **마음**의 상태를 말한다. 첫 번째 특징은 마음이 드러내는 마음의 내용물들이 **느껴진다**는 것이다. 두 번째 특징은 이 마음의 내용물들은 단일한 **관점**을 가진다는 것이다. 더 자세하게 분석해보면, 이 단일한 관점은 마음을 가진 특정한 유기체의 관점이라는 것이 드러난다. 이 책을 읽으면서 '유기체의 관점', '자아', '주체' 같은 개념들 사이에 유사점이 있다는 생각이 든다면 제대로 읽은 것이다. 또한 '자아', '주체', '유기체의 관점'이 매우 실체적인 어떤 것, 즉 '소유자'라는 실체에 대응한다는 생각이 들었다면 그 생각도 틀리지 않은 생각이다. '유기체는 특정한 마음을 소유한다.' 즉, 마음은 특정한 유기체에 속해 있다. 나나 당신을 포함한 의식을 가진 모든 실체는 의식이 있는 마음에 의해 움직이는 유기체를 소유한다.

이런 생각들이 최대한 분명해지려면 다음의 몇 가지 용어들을 확실하게 정의해야 한다. 마음, 관점 그리고 느낌이다. 마음은, 앞에서도 정의했지만, 실제적인 지각 또는 기억의 소환 또는 그 둘 모두에서 비롯된 이미지들의 적극적인 생산과 드러냄을 묘사하는 방법 중 하나다. 마음을 구성하는 이미지들은 끝없이 줄지어 흐르며, 그 과정에서 모든 종류의 행위자와 사물, 모든 종류의 행동과 관계, 상징으로 번역되거나 번역되지 않는 모든 종류의 요소들을 기술한다. 시각 이미지, 청각 이미지, 촉각 이미지, 언어 이미지 등 모든 종류의 이미지는 각각 또는 합쳐져 자연스럽게 지식을 전달한다. 이미지는 **지식을 운반하며**, 이미지는 지식을 명시적으로 나타낸다.

관점은 말 그대로 보는 시각을 뜻한다. 물론 여기서의 시각은 눈으로 보는 것만을 뜻하지 않는다. 눈이 먼 사람들의 의식에도 관점이 있으며, 이 관점은 눈으로 보는 것과는 전혀 관계가 없다. 여기서 관점이라는 말은 시각을 넘어서 더 일반적인 의미를 가진다. 여기서의 관점은 **내가** 보고, **내가** 듣거나 만지고, 특히 **내가** 내 몸 안에서 지각하는 것과 **내가** 가지는 관계를 말한다. 여기서의 관점은 의식 있는 마음의 '소유자'의 관점이다. 바꿔 말하면, 여기서의 관점은 마음이 유기체 내부에서 작동할 때 **유기체의 마음속에서 흐르는 이미지들에 의해 표현되는**, 살아 있는 유기체가 가진 관점을 말한다.

관점의 기원에 대해 조금 더 깊게 생각해보자. 주변 세계에 대해 살아 있는 유기체들 대부분이 가지고 있는 일반적인 관점은 그 유기체들의 머릿속에서 정의된다. 그 이유 중 하나는 시각, 청각, 후각, 미각, 균형을 감각하는 장치들이 몸의 맨 위(맨 위 앞쪽)에 위치하고 있기 때문이다. 또한 당연한 말이지만, 뇌는 머리 안에 있다.

우리 유기체 내부의 세계에 대한 관점은 마음과 몸 사이의 자연스러운 연결 고리가 있음을 분명하게 드러내는 느낌에 의해 제공된다. 느낌은 마음과 몸이 서로에게 속한 상태로 같이 존재한다는 것을 마음이 자동적으로 알게 해준다. **물리적인 몸과 마음속 현상을 분리하는 틈은 느낌 덕분에 자연스럽게 메워진다.**

의식과 관련하여 느낌에 대해 할 말이 남아 있다. 우리는 자기 참조self-reference가 느낌의 부수적 요소가 아니라 결정적이고 핵심적 요소라는 점을 확실히 알아야 한다. 여기서 더 나아가면 이렇게까지도 말할 수 있다. 느낌은 일반적 의미의 의식의 기저를 이루는 요소다.

느낌의 중요성에 대한 이야기는 이 정도로 마무리하고, 다른 이야기로 넘어가자. 모든 느낌은 몸 안에서 자연스럽게 발생한 생명 상태와 정서에 의해 변화된 생명 상태 모두를 그대로 비춰준다는 점을 다시 떠올려보자. 의식을 생성하는 과정에 참여하는 느낌도 마찬가지다.

결론적으로 말하면, 마음속에서 끊임없이 나타남으로써 의식 생성에 핵심적인 역할을 하는 느낌은 두 가지 원천에서 비롯된다. 첫 번째 원천은 몸 안에서 끊임없이 벌어지는 생명 활동이다. 이 생명 활동은 행복감, 불쾌감, 호흡곤란과 배고픔, 목마름, 고통, 욕구, 즐거움을 당연히 반영한다. 앞에서 살펴본 것처럼, 이런 느낌은 모두 '항상성 명령에 의한 느낌'이다. 두 번째 원천은 마음의 내용물이 촉발하는 공포, 기쁨, 짜증 같은 강하거나 약한 일상적인 정서 반응들이다. 이런 마음의 표현은 '정서적 느낌'이라고도 부르며, 몸 안의 이야기들을 구성하는 멀티미디어 영화의 일부다. 또한 이 두 원천에 의해 끊임없이 생성되는 느낌은 몸 안 이야기들의 일부가 되지만, 느낌 자체가 의식 과정을 생성하는 장치이기도 하다.[4]

그렇다면 느낌은 다양한 마음속 사건들이 일정한 역할을 하는 생물학적 과정의 결과로 발생하는 특정한 **마음 상태**라고 할 수 있다. 내수용감각 신경계를 통해 신호를 전달하는 몸 내부의 활동은 느낌의 일부분을 만드는 데 기여하는 반면, 중추신경계 내부의 활동은 유기체 주변의 세계와 유기체의 근골격계를 기술하는 이미지들을 만드는 데 기여한다. 이렇게 기여된 것들은 매우 정교한 방식으로 융합돼 매우 복잡하지만 완벽하게 자연스러운 어떤 것, 즉 **순간순간 유기체 내부의 세계와 유기체 외부의 세계를 파악하는 살아 있는 유기체**의 마음속 경험들의 합을 만들어낸다. 의식 과정은 유기체 내부의 마음을 생명으로 인식하며, 이렇게 생명으로 인식한 마음이 유기체의 물리적 경계 안쪽에 위치하도록 만든다. 마음과 몸은 이 과정의 결과물을 얻으며, 이렇게 얻은 결과물을 두고 잠이 들기 전까지 끊임없이 감사하거나 원망하기를 계속한다.

의식이라는 '어려운 문제'

심리학의 다양한 분야들은 일반 생물학, 신경생물학, 신경심리학, 인지과학, 언어학 등의 도움으로 지각, 학습과 기억, 추론, 언어에 대해 상당히 많은 것을 규명해내고 있다. 또한 심리학의 다양한 분야들은 정동(욕구, 동기, 정서, 느낌)과 사회적 행동의 이해 측면에서도 매우 의미 있는 진전을 보이는 중이다.

하지만 이런 기능들 뒤에 숨은 생물학적 구조나 과정은 객관적인 발현 측면에서든 주관적인 관점 측면에서든 알려진 것이 전혀 없다. 지금까지 이런 다양한 문제들을 과학적으로 규명하기 위해 지난한 노력과 발명, 이론 연구와 실험의 통합적 연구가 이루어져 왔는데도 상황은 달라진 것이 거의 없다.

따라서 의식은 단지 접근하기 어려운 문제가 아닌, 풀 수 없는 특별하고 독특한 문제라는 가정하에 논의될 수밖에 없었다. 의식을 연구하는 일부 학자들은 '범심론汎心論, panpsychism'이라는 극단적인 이론을 통해 이런 교착상태를 극복하려는 시도를 하기도 했다. 범심론자들은 의식과 마음이 상호 교환이 가능하다고 생각한다. 매우 문제가 많은 생각이다. 훨씬 더 큰 문제는 범심론자들이 마음과 의식이 생명 상태의 핵심으로서 모든 생명체에 나타나는 보편적인 현상이라고 생각한다는 사실이다. 즉, 이들은 모든 단세포생물과 모든 식물에 의식이 있다고 생각한다. 여기서 더 나아가는 사람들도 있다. 일부 범심론자들은 우주와 우주 안에 존재하는 모든 사물에 의식과 마음이 있다고 생각한다.[5]

이런 이론이 제기되는 이유는 마음의 숨은 요소들을 이해하기 위한 지금까지의 시도로는 의식의 문제를 풀 수 없다는 근거 없는 생각과 관련이 있다. 나는 이 생각을 맞다고 생각할 근거가 전혀 없다고 본다. 일반 생물학, 신경생물학, 심리학, 심리철학은 의식의 문제를 풀고, 더 나아가 마음 자체의 구조라는 심층적이고 근본적인 문제를 푸는 데 필요한 도구를 가지고 있다. 또한 물리학도 이 문제를 해결하는 데에 도움이 될 수 있다.

의식 연구의 가장 큰 문제는 '어려운 문제'라는 이름으로 잘 알려진 문제와 관련이 있다. '어려운 문제'는 철학자 데이비드 차머스David Chalmers가 도입한 개념이다.[6] 차머스에 따르면 이 문제의 중요한 요소는 '왜 그리고 어떻게 뇌 안의 물리적 과정들이 의식 경험을 발생시키는가?'라는 의문이다.

간단히 말하면, 이 문제는 수조 개의 시냅스들로 서로 연결된 수십억 개의 **물리적 물체들**, 즉 뉴런들로 만들어진 뇌라는 물리화학적 장치가 **의식이 있는 마음의 상태**까지는 아니더라도, **마음의 상태**를 어떻게 만들어내는지 설명하는 것이 불가능하다는 생각과 관련이 있다. 뇌는 특정한 개인과 확실하게 연결된 마음의 상태를 만들어낼 수 있을까? 또한 어떻게 뇌가 만들어낸 이런 상태가, 철학자 토머스 네이글Thomas Nagel의 주장처럼, **어떤 것처럼 느껴질 수 있을까?**[7]

하지만 이 '어려운 문제'는 문제 자체에 생물학적 오류가 있다. '뇌 안의' 물리적 과정이 의식 경험을 왜 일으키는지 묻는 것은 잘못된 질문이기 때문이다. 뇌는 의식 생성의 핵심적인 부분을 차지하지만, 오직 뇌만이 의식을 만들어낸다는 증거는 없다. 오히려 유기체의 (뇌를 제외한) 몸체 안 비신경 조직들이 의식적인 모든 순간에 상당한 기여를 한다. 그러므로 이 비신경 조직들은 의식의 문제를 푸는 과정의 일부가 되어야 한다. 비신경 조직은 느낌이라는 혼합적 과정을 통해 의식 생성에 기여한다. 나는 느낌이 의식 있는 마음의 생성에 핵심적인 기여를 한다고 생각한다.[8]

'나에게 의식이 있다'라는 말은 무슨 뜻일까? 간단하게 생각해본다면, 이 말은 내가 나 자신에게 의식이 있다고 말하는 특정한 순간에 내 마음이 나를 그 마음의 주인으로 즉각적으로 인식하게 만드는 지식을 소유한다는 말이다. 기본적으로 이 지식은 다양한 방식으로 **나 자신**을 인식하게 만든다. 첫째, 느낌을 통해서다. 느낌은 내 몸에 대한 다양한 정보를 끊임없이 나에게 제공한다. 둘째, 내가 기억으로부터 소환해낸 사실, 지각의 순간과 관련될 수 있으며(또는 관련되지 않을 수 있으며), 나 자신의 핵심이기도 한 사실들을 통해서다. 마음에 의식을 발생시키는 지식이라는 파티의 범위는 얼마나 많은 손님들이 참석하는지에 따라 달라진다. 어떤 손님들은 의무적으로 참석하기도 한다. 이 파티에 의무적으로 참석하는 손님들이 누군지 살펴보자. **첫 번째 의무적 참석자는 내 몸의 현재 활동에 대한 지식 중 일부다. 두 번째 의무적 참석자는 기억에서 소환된 지식 중 일부다. 이 지식은 현재 내가 누구인지, 과거부터 지금까지 내가 누구였는지에 관한 지식, 최근**

과 오래전의 나에 관한 지식이다.

하지만 의식은 지금 내가 말한 것처럼 간단하지 않다. 실제로 의식은 매우 복잡하다. 수많은 뉴런들의 활동과 뉴런들의 연결 관계가 만들어내는 복잡성을 무시해서는 안 된다. 하지만 이렇게 의식이 복잡하다고 해도, 마음과 관련해 의식이 무엇으로 만들어지는지 알아내는 일이 불가능하며, 앞으로도 불가능할 것이라고 단언할 수는 없다.

나는 살아 있는 유기체들이 느낌과 개인적 성찰 능력이 있는 마음의 상태를 만들어내는 과정에 경의를 표한다. 여기서 유기체란 우리가 신경 조직으로 부르는 부분과 '몸의 나머지 부분'으로 생각해서 대개는 무시하는 부분을 아울러 말한다. 하지만 나는 신비함 때문에 경의를 표하는 것이 아니다. 신비하다는 생각과 생물학적 설명이 불가능하다는 생각은 여기서 중요하지 않다. 의문에는 반드시 답이 있고, 수수께끼는 풀릴 수 있다. 내가 경외감을 가지는 것은 지금까지 비교적 명료하게 밝혀진 기능들이 얼마 되지는 않지만, 그 기능들에 대한 지식을 조합해 결과적으로 우리가 도움을 얻을 수 있었다는 사실이다.[9]

의식의 쓸모

이 질문은 중요한 질문임에도 불구하고 진지하게 묻는 사람이 거의 없다. 의식이 쓸모없는 것이라고 생각하는 사람들도 있다. 하지만 의식이 쓸모없는 것이라면, 왜 지금까지도 존재하는 것일까? 일반적으로 말하면, 생물학적 진화 과정에서 유용한 기능은 계속 유지되고 쓸모없는 기능은 폐기된다. 자연선택에 의해서다. 그렇다면 의식은 쓸모없는 것이 아니다.

첫째, 의식은 유기체가 생명 조절이라는 엄정한 요구에 부응하는 과정에서 생명을 통제하는 데 도움을 준다. 이는 인간보다 먼저 나타난 인간이 아닌 종들 대부분에 적용되는 말이며 인간에게는 특히 잘 적용되는 말이다. 이 사실이 별로 놀랍지는 않을 것이다. 어쨌든 의식의 기초 중 하나는 느낌이며, 느낌의 목적은 항상성 명령에 따른 생명 통제에 도움을 주는 것이다. 어떤 사람들은 의식의 탄생에 정당성을 부여하기 위해 시간적 순서를 제시하기도 한다. 의식이 나타나기 반 걸음 전에 느낌이 먼저 나타났으며, 느낌은 말 그대로 의식의 출현을 위한 징검다리 역할을 했다는 생각이다. 하지만 현실은 조금 다르다. 느낌의 기능적 가치는 느낌이 유기체의 소유주에게 확실히 전달되고 그 소유주의 마음에 존재한다는 사실과 관련이 있다. 의식은 느낌이 낳은 것이며, 느낌은 마음의 나머지 부분을 의식에게 선사했다.

둘째, 유기체가 매우 복잡할 때(즉, 유기체가 마음을 지원할 능력이 있는 신경계를 가지게 될 때) 의식은 **생명을 성공적으로 통제하려는 노력**의 핵심적인 부분이 된다.

마음이나 의식 없이도 성공적으로 생존을 유지할 수 있는 독립적인 생명체들이 있다. 박테리아나 식물이 그 예다. 이 생명체들은 **마음이 개입되지 않는 강력한 능력**을 이용해 생명 유지라는 문제들을 풀어나간다. 이 능력은 마음-의식 결합체의 전구체로, 매우 지능적이며 비명시적인 능력이다. 의식이 개입되지 않은 이 능력을 '숨겨져 있는' 능력이라고 말하는 이유는 이 능력이 주관적인 경험의 작용 없이도 의식이 없는 생물들의 생명을 매우 잘 통제하기 때문이다.

하지만 주목해야 할 점이 있다. 의식 있는 마음은 명시적 지능을 이용해 유기체의 생명 활동을 통제하지만, 필요할 때는 비명시적 지능의 도움도 받는다는 사실이다. 생명 유지는 주의가 기울여지지 않고 통제되지 않는 상태에서는 불가능하다. 생명은 반드시 관리돼야 한다. 생명을 잘 통제하기 위해서는 의식 있는 마음이나 비명시적 능력 중 적어도 하나가 반드시 있어야 하지만, 모든 생물 종이 비의식적인 통제에서부터 의식적인 통제에 이르기까지 모든 종류의 지능적 통제를 할 수 있어야 하는 것은 아니다.

의식은 특정 유기체와 마음을 확실하게 연결시킨다. 따라서 의식은 그 유기체의 특정한 욕구에 마음이 매우 신속하게 대처하는 데 도움을 준다. 유기체가 욕구의 정도를 마음속에서 기술하고 그 욕구에 대응하기 위해 지식을 적용할 수 있게 되면 욕구가 해결될 일만 남는다. 의식이 있는 마음은 유기체가 생존에 필요한 것을 확실하게 식별하는 데 도움을 주며, 유기체가 그 필요한 것들을 느끼는 데도 도움을 준다. 관련된 느낌의 강도에 따라 의식은 식별된 욕구에 대한 반응을 요구하거나 강요할 수 있다. 명시적 지식과 이성은 비명시적 능력이 이용할 수 없는 자원들을 제공한다. 숨겨진 지능의 통제를 받는 비명시적 능력은 기본적인 항상성 명령에만 반응하는 것에 반해, 지식과 창의적인 추론은 특정한 욕구에 대한 새로운 반응을 만들어내기 때문이다.

의식과 마음이 있는 유기체들은 상당한 이득을 누린다. 지능과 창의성 수준이 높아짐에 따라 이 유기체들은 행동반경도 넓어진다. 이 유기체들은 더 다양한 환경에서 생존 투쟁을 할 수 있게 되는 것이다. 행동반경이 넓어짐에 따라 이 유기체들은 더 다양한 난관에 부딪힐 수 있지만, 그 난관들을 극복할 확률도 더 높아진다. 의식은 이 유기체들이 생존 가능한 환경의 범위를 확장한다.

마음의 수용 능력이 큰 유기체들(마음의 수용 능력이 몸에 비해 상대적으로 큰 유기체들)은 연산 행동과 창의적 행동을 할 때 의식을 이용한다. 이 유기체들의 모든 행동은 의식의 도움을 받는다. 우리는 우리의 창의적 과정에 의식이 동반되는 이유를 묻기보다는, 의식이 없다면 우리가 하는 최선의 행동이 가능하고 유용할 수 있는지 물어야 할 것이다.

마음과 의식은 같은 말이 아니다

의식에 대해 논의할 때 우리가 직면하는 문제의 일부가 심각한 혼동에서 비롯한다는 사실을 알기까지 오랜 시간이 걸렸다. 의식은 마음의 특정한 상태이지만, '의식'과 '마음'이라는 말이 마치 같은 말처럼 사용되고, 같은 과정을 나타내는 말로 받아들여질 때가 많다. 이 점을 지적하면 사람들은 그런 것 같다고 인정하지만, 여전히 의식과 마음의 근본적인 차이점에 대해서는 제대로 이해하지 못한다. '의식'과 '마음'이라는 말을 하거나 듣는 사람들은 의식의 중심적인 메커니즘이 마음의 가장 기본적인 과정이 **변화된 결과**라는 것을 상상하지 못한다.

이런 혼동은 '구성 문제composition problem' 때문에 발생한다.

복잡한 현상들의 구성 요소들은 그 구성 요소들을 감싸서 보이지 않게 만드는 기능적 외피 안에 존재하기 때문에 파악이 쉽지 않다. 이럴 때는 '의식' 대신에 '의식 있는 마음'이라는 말을 사용하는 것이 도움이 된다. '의식 있는'이라는 말로 '마음'이라는 단어를 수식하면, 모든 마음에 항상 의식이 있는 것은 아니라는 뜻이 되는 동시에 의식 생성 과정에 구성 요소들이 존재한다는 뜻이 되기 때문이다.

나는 마음이 **풍성해진 상태**가 의식이라고 생각한다. **마음이 풍성해지는 과정은 현재 진행되고 있는 과정 안에서 마음의 요소들이 추가되는 과정이다.** 이렇게 추가되는 마음의 요소들은 마음의 다른 요소들처럼 이미지로부터 만들어지지만, 이 추가적인 마음의 요소들은 그 내용 때문에, **현재 내가 접근할 수 있는 모든 마음속 내용물은 내게 속하며, 내 소유이며, 나라는 유기체 안에서 실제로 펼쳐지고 있다는 것을 확실하게 알려준다.** 이렇게 추가되는 마음의 요소들은 **드러내는** revelatory 역할을 한다.

통합적 유기체가 그 유기체 안에서 나타나는 마음속 내용물을 확실히 소유하고 있다는 것은 의식 있는 마음만의 특징이다. 이 특징이 없거나 지배적이지 않다면 그냥 **마음**이라는 간단한 표현을 쓰는 것이 적절할 것이다.

마음이 그 마음을 소유한 유기체와 확실하게 연결됨으로써 마음이 풍성해지는 메커니즘은 유기체의 마음속 흐름에 **마음**과 **유기체의 소유주**를 확실하게 연결하는 내용물이 추가되는 과정이다. 이 메커니즘은 시스템 차원에서 발생한다. 또한 이 메커니즘은 도저히 설명할 수 없는 과정으로 생각해서도 안 된다.

의식의 문제에 대한 나의 이런 생각은 의식 뒤에 숨겨진 모든 생물학적 메커니즘들이 분명하게 규명될 수 있다는 생각과는 다르다. 의식의 상태들이 범위와 수준 면에서 모두 같다는 뜻도 아니다. 깊은 잠에서 깼을 때의 나의 의식 있는 마음(이때는 내가 누구인지, 어디에 있는지도 간신히 아는 상태다)과 복잡한 과학 문제를 몇 시간 동안 생각할 때 도움을 주는 의식 있는 마음은 분명한 차이가 있다. 하지만 의식 문제에 대한 내 해법은 이 두 경우 모두에 확실하게 적용될 수 있다. 의식 있는 마음이 출현하려면, 나는 나라는 유기체에 관한 지식과 내가 내 생명, 내 몸, 내 생각의 소유주라고 확실히 알려주는 지식으로 단순한 나의 마음의 과정을 풍성하게 만들어야 한다.

일상적인 문제를 다루는 단순한 의식적 마음 과정과 엄청난 양의 과거를 다루는 풍성하고 광범위한 의식적 마음 과정은 둘 다 동일한 시작 과정에 의존한다. **마음을 그 마음의 소유자가 가진 몸이라는 환경에 위치시키는 '소유주-마음' 동일화 과정이다.**

의식과 깨어 있음은 다르다

의식이 있다는 것과 깨어 있는 것은 대부분 같은 말로 생각된다. 하지만 의식과 깨어 있음은 전혀 다르다. 의식과 깨어 있는 상태가 연결된 것은 분명한 사실이다. 물론 확실한 예외가 있다. 유기체가 잠에 빠질 때 유기체의 의식은 대부분 사라지지만, 의식은 우리가 깊이 잠들어 꿈을 꾸는 동안 돌아와 다소 이상한 상황을 만든다. 잠을 자는데 의식이 있는 상황이 발생하는 것이다. 또한 혼수상태의 일부 변형 상태에 놓인 환자들은 의식이 없어 보이는데, 뇌전도 수치를 보면 깨어 있는 상태라고 할 수밖에 없는 경우가 있다. 복잡하고 혼란스러울 것이다. 하지만 이런 다양한 현상들의 안개가 걷히면 의식이 단순히 깨어 있는 상태를 가리키는 것이 아니라고 자신

있게 말할 수 있게 되리라고 확신한다.[10]

깨어 있다는 것은 이미지들을 '관찰할' 수 있게 해주는 상태라고 생각해야 한다. 무대에 조명을 켜는 것과 비슷하다. 하지만 깨어 있음의 과정은 우리 마음속 이미지들의 흐름을 조합하는 과정이 아니며, 우리가 관찰하고 있는 이미지들이 우리 것이라고 말해주지도 않는다.

앞에서 마음에 관한 논의를 하면서 살펴보았듯이, '감각' 능력 또는 '감지' 능력(촉각, 기온 상승이나 진동 감지 등)을 마음이나 의식과 혼동해서는 안 된다.

의식의 구축과 해체

내가 의식의 문제를 풀 수 있다고 생각하는 이유는 이렇다. 첫째, 나는 마음속 내용물을 느낌의 주체와 확실하게 연결시키고, 느낌의 주체가 이 마음속 내용물을 소유하고 있다고 생각하게 만드는 방법이 존재한다고 본다. 둘째, 이 방법은 시스템 차원에서 그 현상이 합리적으로 이해되는 생리학적 메커니즘을 이용한다고 생각한다.

의식은 우리가 마음이라고 부르는 마음속 이미지들의 흐름에 마음의 소유주가 **실제라고 느끼게** 만드는 추가적인 마음속 이미지들이 첨가돼 구축된다. 마음속 이미지는 전형적이든 느낌처럼 혼합적이든, 의식의 핵심적 구성 요소들인 의미들을 운반한다. 마음속 이미지가 단순한 마음의 핵심적 구성 요소가 되는 것과 비슷하다. 마음을 의식적으로 만들기 위해 마음속 이미지들에 전혀 새로운 현상이 일어나거나 신비한 물질이 더해지는 것은 아니다. 의식의 핵심은 의식을 가능하게 하는 이미지들의 **내용물**이다. 의식의 핵심은 이 내용물이 자연스럽게 제공하는 **지식**에 있다. 이 모든 이미지들은 정보를 가지고 있어야 한다. 그래야 그 이미지들의 소유주를 인식하는 데 도움이 될 수 있기 때문이다.

미지의 것, 신비한 것에 의존하지 않고 의식의 문제를 풀려고 한다고 해서 그 과정이 '간단하다고' 할 수는 없다. 절대 그렇지 않다. 또한 의식 있는 마음의 작동과 관련된 모든 문제를 풀 수 있다는 뜻도 아니다. 절대 그렇지 않다. 리하르트 바그너의 〈니벨룽의 반지〉 같은 길고 난해한 공연을 볼 때 우리 유기체 안에서 일어나는 복잡한 반응들은 생리학적 · 생물학적으로 설명하기가 쉬울까?

마음의 내용물인 이미지들은 크게 세 가지 세계에서 비롯된다. 첫 번째 세계는 **우리 주변의 세계**다. 이 세계는 우리가 점유하고 있는 환경과 우리가 시각, 청각, 촉각, 후각, 미각 등 외부 감각을 통해 끊임없이 살피는 사물, 행동 그리고 관계들의 이미지를 만들어낸다.

두 번째 세계는 **우리 안의 오래된 세계**다. 이 세계가 '오래된' 이유는 대사 작용을 담당하는, 진화적으로 매우 오래된 내부 기관들, 예컨대 심장, 폐, 위, 장 등의 내장, 크고 독립적인 혈관 및 피부 속 혈관, 내분비선, 생식기관 등을 포함하고 있기 때문이다. 이 세계는, 정동을 다루면서 살펴보았듯이, 느낌을 일으키는 세계다. 느낌의 일부인 이미지들도 실제 사물, 행동, 관계에 대응하지만, 이 대응 관계는 매우 독특하다. 이 경우 사물과 행동은 우리 유기체 내부, 즉 흉부와 복부 장기들과 혈관의 평활근 세포벽으로 몸 전체를 덮는 피부 **안에** 위치한다.

또한 이 두 번째 세계에서 비롯한 이미지들은 단순히 내부 사물들의 모양이나 행동을 나타내는 것이 아니라, 살아 있는 우리 몸 안에서의 이 사물들의 기능과 관련된 **상태**를 주로 나타낸다.

마지막으로, 오래된 세계에서 일어나는 과정은 내부 기관 같은 실제 '사물'과 그 사물을 나타내는 '이미지' 사이에서 벌어진다. 몸이 실제로 변화하는 곳과 이런 변화의 '지각적' 표상 사이에서 끊임없이 상호작용이 일어난다는 뜻이다. 이 과정은 '몸'과 '마음'이 동시에 작용하는, 완전히 혼성적인 과정이다. 또한 이 과정은 몸 안에서 일어나는 변화에 따라 마음 속 이미지들이 업데이트되고 그 업데이트에 맞춰 우리의 몸과 행동이 변화하도록 만든다. 생명 과정과 관련해서 이 이미지들은 생명 과정의 질과 순간적인 가치, 즉 정서가를 나타낸다. 여기서 가장 중요한 것은 내부의 실제 사물과 행동의 **상태와 질**이다. 사람들의 귀를 사로잡는 것은 바이올린이나 트럼펫 자체가 아니라, 바이올린이나 트럼펫이 만드는 소리다. 바꿔 말하면, 느낌은 고정된 이미지 패턴들로 분해할 수 없다는 뜻이다. 느낌은 활동의 '범위'와 관련된다.

세 번째 세계는 유기체 내부의 세계이지만 두 번째 세계와는 완전히 다른 영역이다. 이 영역은 **근골격, 사지와 두개골, 골격근에 의해 보호되고 움직이는 몸의 영역**이다. 이 내부 영역은 유기체 전체에 틀을 제공하고 유기체 전체를 지지하며, 골격근의 움직임에 의한 이동 같은 외부 운동을 위한 고정 장치 역할을 한다. 이 골격은 첫 번째 세계와 두 번째 세계에서 일어나는 모든 일들의 기준으로 기능한다. 흥미로운 것은, 진화론적 관점에서 볼 때 이 내부 영역이 내부 기관 영역만큼 오래되지 않았으며, 내부 기관들과 생리학적으로도 동일한 특징을 갖지 않는다는 사실이다. 이 '그렇게 오래되지 않은' 세계는 부드러움이 전혀 없는 세계로, 딱딱한 뼈와 질긴 근육은 지지대와 틀 역할을 훌륭하게 수행한다.

확장 의식

느낌이 존재하고 주체가 식별되면 마음에 의식이 존재할 수 있다는 생각을 처음 접했을 때 놀라울 수는 있다. 하지만 이 생각 자체는 문제가 되지 않는다. 문제가 되는 것은 의식에 대해 내가 제시하는 설명이 의식이라는 현상의 '중요성'에 비해 너무 '폭이 좁다'라는 생각이다. 이런 생각에는 대처해야 한다.

나는 이 문제가 설명 자체에서 비롯되는 것이 아니라, 의식이 무엇이어야 하는지에 대한 전통적이고 모호하고 부풀려진 생각, 의식이 **실제로 무엇이고 어떤 일을 하는지**와는 전혀 상관없는 생각과 이와 관련된 기대 때문에 생긴다고 생각한다. 앞에서 나는 의식이 진화 과정에서 특별한 역할을 해왔으며 인류 역사에서 핵심적인 역할을 해왔다고 설명한 바 있다. 도덕적 선택, 창의성, 인간의 문화는 의식이라는 조명 아래에서만 출현할 수 있는 것들이다. 하지만 이 사실은 의식 뒤에 존재하는 핵심적인 메커니즘의 규모를 어느 정도로 크게 보느냐에 전적으로 의존한다.

내가 제시하는 설명이 처음에는 대단하지 않게 들리는 이유 중 하나는 **확장 의식**extended consciousness과 관련이 있다. 확장 의식은 내가 의식 문제를 연구하기 시작했을 때 도입한 개념으로, 내가 소중하게 생각하던 개념이다.[11] 나는 이 '확장 의식'이라는 말을 규모가 큰 의식, 즉 마르셀 프루스트나 레프 톨스토이, 토마스 만 같은 작가의 책을 읽을 때나 구스타프 말러의 〈제5번 교향곡〉을 들을 때의 경험을 아우르는 의식을 지칭하는 말로 사용했다. 수많은 인간들과 그 인간들 각각의 삶, 우리가 기억으로 저장한 과거에 의존하는 것, 우리가 저장한 지식을 이용한 창의적 유희, 그 지식을 가능한 미래에 투영하는 일 등 수없이 다양한 경험을 아우르는 말이 바로 확장 의식이다.

지금 와서 생각해보니, 나는 확장 의식이 아니라 확장된 마음에 대해서 말했어야 했다. 이미지가 의식화되는 기본적인 메커니즘은 그 메커니즘이 100만 개의 이미지에 적용되든,

단 1개의 이미지에 적용되든 동일하다. 달라지는 것은 우리가 회상하고 처리하는 소재들의 양과 동원되는 주의의 강도에 따른 우리 마음 과정의 규모와 용량밖에 없다. 또한 이 규모와 과정은 시각 이미지, 청각 이미지, 언어 이미지 등 다양한 이미지들이 점차적으로 우리 마음속에서 흐르면서, 즉 의식적이 되면서 달라지기도 한다.

뇌는 하늘보다 넓다

과거에 나는 에밀리 디킨슨의 유명한 시 〈뇌는 하늘보다 넓다〉가 의식에 대한 찬사라고 생각했었다. 하지만 이제는 그 시가 인간의 마음에 대한 예리한 관찰이라고 생각한다.[12] 이 시의 첫 4행은 다음과 같다.

뇌는 하늘보다 넓다.
둘을 나란히 놓아두면
뇌 안에 하늘이 쉽게 들어가고
더구나 당신도 들어가니까

디킨슨은 의식 있는 마음의 생성 과정에 '당신'이 반드시 있어야 한다는 것을 직감했다. 그 '당신'은 나일 수도, 다른 어떤 사람일 수도 있다. 하지만 디킨슨이 관심을 가진 것은 그보다도 그 마음의 크기다. 어떻게 지금 내가 관찰하는 시각적 전경과 청각적 장면이 내 뇌보다 훨씬 더 클까? 디킨슨이 알고 싶은 것은 그것이었다.

뇌는 하늘보다 넓어야 했다. 디킨슨은 뇌가 두개골 속의 물리적인 뇌보다 더 크다고 생각했다. 뇌는 우리 주변의 세계뿐만 아니라 **당신**도 담고 있기 때문이다. 하지만 디킨슨은 우리 주변의 세계나 우리가 두개골 안에 실제로 들어갈 수 없다는 것을 잘 알고 있었다. 그러려면, 우선 우리와 세계가 뇌 크기에 맞춰 작게 줄어들어야 했다. 이렇게 우리와 세계가 작아지면, 우리와 우리의 생각은 그대로 뇌 안에 있으면서도 가까운 우주와 먼 우주의 크기에 맞춰 부풀 수 있었다.

디킨슨은 마음에 대한 유기체적 관점과 인간의 영혼에 대한 근대적인 개념을 확실히 가지고 있었다. 하지만 결국 하늘보다 넓은 것은 뇌가 아니라 생명 자체였다. 생명은 몸, 뇌, 마음, 느낌, 의식을 낳았기 때문이다. 우주 전체보다 더 큰 것은 생명이다. 물질과 과정으로서의 생명, 생각과 창조를 가능하게 하는 생명 말이다.

느낌이 일으키는 진짜 기적

다시 느낌 얘기를 할 필요가 있다. 느낌은 우리에게 위험과 기회에 대한 정보를 제공하고, 그 정보에 따라 우리가 행동하도록 동기를 부여함으로써 우리의 생명을 보호한다. 이는 분명 자연적인 기적이지만, 느낌은 또 다른 기적도 일으킨다. 이 기적이 일어나지 않으면 느낌의 인도와 동기부여는 관심을 받지 못할 것이다. 느낌은 마음에 사실들을 제공한다. 그 사실들을 기초로 우리는 어떤 특정한 순간에 우리 마음속에 있으며, 우리에게 속해 있는 무언가가 우리 안에서 일어나고 있다고 쉽게 알게 된다. 느낌은 우리가 경험을 하고 의식을 가질 수 있게 해주며, 우리 마음의 내용물을 우리라는 개인적 존재를 중심으로 통합할 수 있도록 해준다. 의식을 처음으로 가능하게 만든 것은 항상성 명령에 따르는 느낌이다.

느낌이 마음속 과정에 제공하는 핵심적인 사실은 항상성 명령에 따르는 조절 작용에 의해 끊임없이 수정되는 유기체 내부에 관한 구체적인 정보다. 이 사실들은 항상성 명령에 따르는 조절 작용이 일어나는 유기체의 일부인 마음 안에서 전체 과정이 일어나고 있음을 보여준다. 마음은 '그 마음이 일부가 되는' 유기체에 '속해 있다'.

의식을 가능하게 만드는 느낌들은 공통적으로 두 가지 종류의 핵심적인 이미지를 만들어낸다. (1) 항상성 명령에 따른 유기체 내부 상태의 변화 내용을 보여주는 이미지, 즉 내부의 이미지와 (2) 지도와 그 지도의 원천인 몸 사이의 상호작용을 보여줌으로써 지도가 표상하는 유기체 내부에서 지도화가 이루어지고 있다는 것을 자연스럽게 드러내는 이미지다. 이런 소유 의식은 유기체의 상태와 그 유기체에서 만들어지는 이미지들의 명료한 상호작용에서 발생한다. 또한 이런 소유 의식은 하나의 과정, 즉 심상의 생성 과정이 유기체 내부에서 일어난다는 분명한 사실에 기인한다.

유기체가 마음을 소유한다는 사실은 흥미로운 결과를 낳는다. 마음속에서 일어나는 모든 일, 즉 유기체 내부의 지도화와 외부 세계에 존재하는 다른 유기체/사물의 구조, 행동,

공간적 위치의 지도화는 **유기체의 관점**을 채택함으로써만 일어날 수 있다는 것이다.

'우리가 안다는 것'을 아는 것

의식이라는 말을 할 때 사람들은 보통 외부 세계에 대한 의식을 먼저 생각한다. 사람들은 의식이 있는 상태를 주변 세계를 표상할 수 있는 능력과 같은 것으로 생각하곤 한다. 이해는 간다. 우리의 마음은 우리 외부의 세계를 너무나 불균형적으로 선호하기 때문이다. 그렇다면 마음이 이런 선호를 나타내는 이유는 무엇일까? 그 이유는 이렇다. 우리 주변 세계를 지도화하는 것은 우리의 생명 유지에 유리한 방식으로, 그 주변 세계와의 상호작용을 통제하는 데 필수적이기 때문이다. 이 과정은 우리의 이익(생존)을 위해 우리에게 무엇이 알려져야 하고 사용될 수 있는지 드러낸다. 하지만 어떻게 그리고 왜 우리가 이미지 형태로 지도화한 소재를 의식하는지, 즉 우리가 안다는 사실을 우리가 왜 아는지에 대해서는 설명은 커녕 암시도 하지 못한다. **알게 되고 의식이 있으려면 우리는 사물과 과정을 우리 유기체와 '연결' 또는 '연관'지어야 한다. 우리는 우리라는 유기체를 사물과 과정을 살펴보는 존재로 만들어야 하는 것이다.**

우리가 우리의 존재와 우리의 지각을 의식하게 되는 것은 참조 능력과 소유 의식을 구축하기 위해 지식을 사용할 때다.

우리가 안다는 사실을 알게 되는 것은(즉, 우리 각각이 개인적으로 지식을 소유하고 있다는 사실을 알게 되는 것은) 우리가 현실의 다른 두 측면에 대해 동시에 정보를 얻기 때문이다. 그 중 하나는 느낌이라는 혼합적인 과정에서 표현되는, 오래된 우리 내부 기관들의 화학적 상태다. 다른 하나는 우리의 근골격계 내부, 특히 우리 자아의 표면을 고정시켜주는 안정적인 틀이 제공하는 공간적 구조의 상태다.

지식의 수집

'의식'을 구축하는 과정은 자재와 기술자들을 모아 프로젝트를 진행하는 건축업자의 작업에 비교할 수 있다. 의식은 동시에 한곳에 존재하는 지식들을 모아 유기체가 이 지식들을 소유한다는 신비한 느낌을 만들어내기 때문이다. 이 지식의 조각들은 때로는 느낌이라는 정교한 언어로, 때로는 일상적인 이미지나 상황에 맞게 번역된 단어의 형태로 나나 당신에게 어떤 생각을 하거나, 어떤 장면을 보거나, 어떤 소리를 듣거나, 어떤 느낌을 느끼는 주체가 나나 당신이라는 것을 알려준다. '나'와 '당신'은 마음의 구성 요소들과 몸의 구성 요소들에 의해 정체가 확인되는 것이다. 마음속 사건들과 몸의 전반적인 생리학적 상태 사이의 연결 관계가 확실하게 구축돼 있든 그렇지 않든 이런 상황은 차이가 없다. 세계는 당신에게 다가와 당신이 고용한 건축업자가 의식을 책임지고 있다고 말한다. 당신이라는 살아 있는 유기체(뇌만이 아닌 몸 전체)는 당신의 이익(생존)을 위해 끊임없이 연극이 상연되는 열린 무대이기 때문이다. 의식의 구축을 위한 소재들 하나하나는 지식에 불과하며, 마음속 나머지 소재들과 다르지 않다. 이 지식의 기본 물질substrate은 이미지들이며, 뇌-몸 상호작용에 의존하며 서로 끌어당기면서 완성되는 혼성적인 이미지들, 즉 우리가 '느낌'이라고 부르는 '이미지들'이 여기에 포함된다. 우리의 존재는 마음속 경로들 위에 쌓인 지식 조각들, 즉 우리 삶의 순간과 우리가 사는 시간을 기술하는 이런 이미지들의 더미에 의해 끊임없이 드러난다.

의식은 흐르는 이미지들의 한가운데에서 이미지들이 **나의 것**이며, **나의** 살아 있는 유기체 안에서 나타나며, 그 마음도 **나의 것**이라는 생각을 자동적으로 생성하기에 충분할 정도로 지식들이 모인 것이다. 의식의 비밀은 의식이 수집된 지식이며, 그 지식이 마음의 정체성을 증명한다고 보여준다는 데 있다. 의식은 마음속 요소들이 통합된 결과가 아니다. 하지만 의식은 수많은 이미지들에 부여될 경우 분명하게 역할을 한다.

돌이켜보면, 의식을 연구하는 과정에서 반복적으로 범했던 오류는 의식을 '특별한' 기능, 심지어는 독립적인 '실체'로 취급한 것이었다. 즉, 의식을 마음의 과정 위에서 향기를 뿌리지만 마음과 마음의 기초와는 연결되지 않은 어떤 실체로 생각한 것이었다. 의식의 문제에 대해 비교적 덜 어처구니없는 해법을 생각한 사람들조차 의식을 필요 이상으로 신비한 존재로 여기게 만드는 데 일조했다.[13]

통합은 의식의 원천이 아니다

우리가 특정한 장면을 의식한다고 말하려면 그 장면의 구성 요소들을 상당한 수준으로 통합시킬 수 있어야 한다. 하지만 이 통합이 아무리 수준 높게 이루어진다고 해도 통합만으로는 의식이 생성되지 않는다. 마음속 내용물들이 더 많은, 흐르는 이미지들 위에서 통합될수록 의식이 되는 소재의 폭은 넓어진다. 하지만 나는 의식이 이런 내용물들을 '한데 묶는 것'만으로는 의식을 설명할 수 없다고 생각한다. 의식은 마음속 내용물들이 적절하게 조합되는 것만으로는 생성되지 않는다. 나는 그 통합의 결과로 마음의 범위가 확장된다고 생각한다. 유기체에게 그 유기체가 마음의 소유자라는 것을 알려주는 지식을 담은 마음속 흐름이 풍성해져야 비로소 의식이 가능해진다. 내 마음속 내용물을 의식의 일부로 만들기 시작하는 것은 현재의 마음속 내용물의 주인이 나라고 인식하는 과정이다. 이런 소유 의식과 관련된 지식은 특정한 사실들로부터 그리고 항상성 명령에 따른 느낌으로부터 직접 얻어진다. 항상성 명령에 따른 느낌은 쉽게, 자연스럽게, 순간적으로 필요할 때마다 추가적인 추론이나 계산 없이도 내 마음과 내 몸을 확실하게 **동일화한다**.[14]

의식과 주의

의식은 우유나 달걀과 비슷하다. 의식이 되는 마음속 소재의 종류와 양에 따라 등급이 매겨지기 때문이다. 하지만 이 등급 매기기는 마음속 소재의 종류와 그 소재에 기울여지는 주의 사이의 신비한 상호작용 때문에 복잡해진다. 예를 들어, 나는 이 페이지의 내용을 쓰기 시작하면서 내가 전달하고자 하는 아이디어들에 꽤 집중하고 있었다. 하지만 내가 이 아이디어들에 대해 생각하고 있을 때 어떤 일이 발생했다. 나는 CD 플레이어 리모컨을 눌러 그전에 골라놓은 CD를 재생시켰고, 이윽고 음악 소리가 흘러나왔다. 나의 의식 있는 마음의 범위는 새로운 소재를 받아들이기 위해 상당히 확장됐지만, 어쩔 수 없이 내 마음은 내가 쓰는 글의 주제, 즉 의식의 범위에 대한 생각과 내가 듣고 있던 특정한 피아니스트의 연주와 그보다 나이가 많은 다른 피아니스트들의 연주를 비교하는 것으로 양분됐다. 그로 인해 다음과 같은 결과가 발생했다. 내 프로젝트의 가장 큰 목적이 배경으로 후퇴한 것이다. 이 목적은 여전히 '의식적인 마음' 안에 존재했지만, 전면에 위치하지는 않았다. 반면, 음악은 계속해서 전면으로 부상했다. 그러나 오래지 않아 마음속 내용물들의 위치가 역전됐다. 나는 다시 의식에 관한 글을 쓰고 있었다. 나는 잠시 집중력을 잃었지만 다시 제대로 집중을 하게 됐다.

내가 집중력을 잃은 이 사건을 의식의 측면에서만 또는 주의의 측면에서만 분석하는 것은 합리적이지 않다. 의식과 주의 둘 다 이 현상이 일어나는 데 역할을 했기 때문이다. 특정한 이미지의 질을 높이는 두 번째 과정, 즉 이미지의 '편집'(선택된 이미지의 크기를 조정하거나 지속 시간을 조정하는 것)은 엄밀히 말하면 주의의 영역에 속한다. 하지만 내 마음속 흐름에 집어넣을 수 있는 소재들을 선택해서 그것들에 '주의'를 할당할 때, 정동의 역할을 무시하는 것 또한 합리적이지 않다. 어느 순간 피아니스트들 사이의 연주의 차이점과 연주의 어떤 부분이 듣기에 좋은지 생각하는 것이 의식에 범위에 대한 내 생각을 정리하는 것보다 더 즐거웠기 때문에 나는 집중력을 잃었다. 나는 즐거운 일이 내 마음을 지배하도록 허용한 것이다.

지금까지 말한 일들 중 어떤 것도 생물학적 현실에 대한 우리의 해석을 바꾸지 않았을 것이다. 내 마음을 위해 선택된 소재들은 내가 그 소재들의 유일한 소유주라고 확실히 알려주는 기초적 느낌 과정과 현재 상황에서 나를 기술하는 주변적 사실들 덕분에 내게 속해 있다고 확인되었기 때문이다. 그 주변적 사실들이란 내가 내 책상에 앉아서 음악 소리를 들으면서 게티 미술관 너머로 저무는 해를 바라보고 있다는 사실이다.

주의는 마음속 이미지들이 풍부하게 생성되도록 도움을 준다. 주의는 (1) 색깔, 소리, 모양, 관계 같은 이미지의 고유한 물리적 특성과 (2) 이미지의 개인적(개인의 기억의 도움을 받아 구축되는)·역사적 중요성을 바탕으로 이 역할을 한다. 그 뒤 정서 반응과 인지 반응의 혼합물은 의식이 있는 마음의 흐름에 편입될 이미지들에 얼마만큼의 시간과 규모를 할당할지에 대한 결정을 지배한다.[15]

중요한 것은 기질이다

컴퓨터 기반 과학이 뛰어난 성과를 냄에 따라 발생한 이상한 결과 중 하나는 인간의 마음을 포함한 마음이 그 마음을 뒷받침하는 기질基質, substrate에 의존하지 않는다는 생각이 출현한 것이다. 이 생각에 대해 살펴보자. 나는 지금 노란색 종이 노트에 연필로 이 문장들을 쓰고 있다. 물론 타자기나 태블릿 PC, 노트북으로 글을 쓸 수도 있다. 내가 쓰는 단어들은 어디에 쓰나 같은 단어일 것이다. 문장도, 구두점도 그럴 것이다. 내 생각과 그 생각을 언어로 해석한 것은 내가 어떤 기질을 사용해도 같을 것이다. 언뜻 보면 이런 생각은 합리적으로 보인다. 하지만 이 생각은 느낌/의식 있는 마음이라는 현실에서는 적용되지 않는다. 우리 마음의 내용물이 그 내용물을 담는 유기적 기질, 즉 뇌 그리고 뇌를 포함하는 몸으로부터 자유로울 수 있을까? 절대 그렇지 않다. 우리가 구축하는 이야기, 그 이야기 속 사건들과 등장인물들에 대한 우리의 생각, 우리가 생각하는 그 등장인물들의 정서, 우리가 사건이 펼쳐지는 것을 보고 그 사건들에 반응하면서 경험하는 정서는 그것들을 뒷받침하는 유기적 기질로부터 독립적이지 않다. 신경계와 살아 있는 유기체에 존재하는 우리 마음의 내용물이 연필, 타자기, 컴퓨터 같은 기질들 위에 내가 쓰고 있는 문장들과 같은 방식으로 존재한다는 생각은 잘못된 것이다.

우리 마음속 경험의 상당 부분(때로는 대부분)은 우리 마음속에서 흐르는 이야기들 안의 사물, 등장인물, 실수들에만 국한되지 않는다. 우리 마음속 경험의 상당 부분은 마음이 속한 유기체의 생명 상태에 의존하는 유기체 자체의 다양한 경험도 포함한다. 결국 우리의 마음속 경험은 '마음의 다른 내용물들'과 함께 흐르는 '존재'의 경험이라고 설명하는 것이 가장 적절하다고 할 수 있다. '마음의 다른 내용물들'은 '존재의 내용물'과 나란히 흐른다. 또한, '존재'와 '마음의 다른 내용물들'은 서로 대화를 하기도 한다. '존재'와 '마음의 다른 내용물들'은 어떤 쪽이 더 풍부한 설명을 제공하는지에 따라 마음속 순간을 지배한다. '존재' 부분은 마음속 순간을 지배하지 않을 때도 항상 존재한다. 이 부분은 비신경적 요소와 신경적 요소 모두에 의해 구축되기 때문이다. 우리의 의식 있는 마음이 기질에 의존하지 않는다는 말은 '존재'라는 구축물이 제거될 수 있으며, '마음의 다른 내용물들'만 중요하다는 뜻이다. 이 말은 마음속 경험의 기초가 **특정한 상태에 있는 특정한 종류의 유기체의 경험과 의식**이라는 것을 근본적으로 부정하는 말이다.

기질은 중요하다. 기질은 **이야기를 경험하고 그 이야기에 정동을 통해 반응하는 사람의 유기체**이기 때문이다. 이 사람은 이야기에서 묘사되는 등장인물들의 정서에 생명 비슷한 것을 부여하기 위해 '차용되는' 정동 시스템을 가지고 있는 사람이기도 하다.

의식의 상실

저명한 철학자 존 설John Searle은 의식에 관한 강의를 할 때 의식 문제에 대한 자신의 해법을 보여주는 정교한 정의로 서두를 여는 것을 좋아했다. 존 설은 의식이 도저히 밝혀질 수 없는 미스터리가 아니라고 말하곤 했다. 그는 의식이 마취되거나 꿈을 꾸지 않는 깊은 잠에 빠졌을 때 사라지는 것에 불과하다고 생각했다.[16] 이 생각은 강의를 시작할 때 언급하기에는 좋은 생각임이 분명하다. 하지만 의식의 정의로서는 부족하며, 특히 마취와 관련해서는 잘못된 생각이다.

꿈을 꾸지 않는 깊은 잠을 잘 때나 마취 상태일 때, 의식이 사라지는 것은 확실하다. 혼수상태나 식물인간 상태가 지속될 때도 의식은 발견되지 않는다. 또한 의식은 다양한 약물과 알코올의 영향 아래에 있을 경우 손상되며, 기절할 때도 일시적으로 사라진다. 하지만 의식은 **상실되지는 않는다**. 의식은 상실된 것처럼 보일 수는 있다. 하지만 의사소통을 할 수 없고 자신과 주변을 인식하지 못하는 것처럼 **보이는** 감금 증후군locked-in syndrome 환자에게서도 의식은 실제로 완벽하게 유지된다.

불행히도 의식 과정을 방해하는 마취제나 신경 질환은 내가 설명한, 의식 있는 마음을 구축하는 메커니즘을 특정하게 목표로 삼아 그 결과를 성취하지 않는다. 마취제나 신경 질환은 상당히 무딘 연장이라고 할 수 있다.[17] 마취제나 신경 질환은 **의식 자체가 아니라 정상적인 의식이 의존하는 기능들을** 목표로 한다. 앞에서 **마음과 의식이 없는** 박테리아에 대해 설명할 때 언급했듯이, 수술용 마취제는 **감각/감지**를 즉각적으로 중지시키는 도구다. 마취제가 감각과 감지를 중지시킨다고 할 수 있는 근거는 매우 간단하게 설명 가능하다. 박테리아와 식물은 감각 능력이 있지만, 마음이나 의식은 없다. 그럼에도 불구하고, 마취제는 **특정하게** 의식을 목표로 어떤 일도 하지 않으면서, 이들의 감각을 중지시켜 사실상 동면 상태로 만든다. 박테리아나 식물은 애초부터 의식이 없기 때문이다.

감각이 있다고 해서 마음이나 의식이 생기는 것은 아니다. 하지만 감각이 없으면 우리는 단순한 마음, 느낌, 자기 참조 같은, 궁극적으로 **의식 있는 마음**을 가능하게 하는 요소가 되는 활동들을 점차적으로 가능하게 하는 작용들을 구축할 수 없다. 간단히 말하면, 마취제는 근본적으로 의식을 변화시키는 것이 아니라 감각을 변화시킨다는 것이 내 생각이다. 결과적으로 마취제가 의식 있는 마음을 구축하는 능력을 저해하는 것은 매우 유용하고 실용적인 효과가 있다. 수술을 할 때 우리는 고통을 의식하지 않는 상태가 될 필요성이 있기 때문이다.

인간이 수천 년 동안 개인적·사회적 목적으로 사용해온 알코올, 대다수의 진통제, 수많은 약물은 의식 있는 마음을 만드는 정상적인 과정에 **간섭**interference**하는** 물질의 또 다른 예다. 이 물질들은 의식이라는 표적에 조금 더 가까이 가 있다. 이 물질들은 의식을 구축하는 마지막 과정을 교란하거나 그 과정의 핵심적인 단계를 방해하기 때문이다. 어떻게 이런 일이 일어나는지는 아직 미스터리다. 오래전부터 인간이 마약이나 알코올 같은 물질을 복용하거나 남용해온 개인적·사회적 이유는 이런 물질이 느낌이라는 생리학적 현상에 미치는 영향과 관련이 있다. 이런 물질을 복용하는 사람들은 의식을 변화시키는 데는 딱히 관심이 없다. 이들이 관심 있는 것은 (우리가 우리 존재로부터 추방하고 싶은) 고통이나 불쾌감, (가능하다고 가정한다면, 우리가 극대화하고 싶은) 행복감이나 즐거움 같은 항상성 명령에 따른 특정한 느낌을 변화시키는 것이다.

항상성 명령에 따른 느낌을 변화시킬 수 있는 약물은 의식을 만드는 장치에 침투하는 것이 분명하다. 의식을 만드는 장치는 항상성 명령에 따른 느낌 과정의 상당 부분을 차지하고 있기 때문이다. 약물이 의식 과정에 간섭하는 이유가 바로 이것이다.

실신(기절)의 경우는 어떨까? 기절을 하는 이유는 뇌간과 대뇌피질로 흐르는 혈액의 양이 갑자기 엄청나게 감소하기 때문이다. 이렇게 되면 느낌의 생성에 중요한 역할을 하는 뇌 영역, 특히 뇌간 내 뉴런들로 전달되는 산소와 영양분이 부족해지고, 그 결과 뇌 활동의 상당 부분이 정지된다. 또한 유기체 내부로부터 오는 정보가 갑자기 중추신경계로 들어올 수 없게 돼 느낌이 의식에 기여하는 과정이 갑자기 중단된다. 또한 근육 긴장(근육이 일종의 수축 상태를 지속하는 일)이 일어나고, 자아와 주변에 대한 감각이 와해된다. 기절하는 사람이

땅이 갑자기 흔들리는 듯한 느낌을 받으며 쓰러지는 이유가 여기에 있다. 장 마르탱 샤르코Jean-Martin Charcot는 프랑스 파리의 신경정신병원인 살페트리에르Salpêtrière 병원에서 이 과정을 사람들에게 설명한 바 있다. 샤르코는 19세기 후반 신경학과 정신과학을 개척한 사람 중 한 명으로, 지금은 공식적으로 존재하지 않는 질환인 히스테리에 대한 연구로 명성을 얻은 인물이다. 지크문트 프로이트도 샤르코의 강연을 듣고 많은 것을 배웠을 정도로 그는 뛰어난 학자였다.

의식의 상실이 뇌간과 연관이 있다고 보는 관점은 현대에 이르러 등장한 것이다. 이는 프레드 플럼Fred Plum이라는 저명한 미국의 신경학자가 처음 주장했다.[18] 뇌간이 왜 의식의 열쇠인지에 대한 내 해석은 느낌이 항상성 활동의 표현이며, 의식 생성에 핵심적이라는 생각과 연관된다. 현재 우리는 항상성과 느낌의 배후에 있는 장치들의 중요한 구성 요소들이 **모두** 뇌간의 상부 영역, 즉 3차신경 진입 부분 위쪽, 더 구체적으로는 이 진입 부분 위쪽의 뒤편에 위치한다는 사실을 알고 있다(그림에서 B로 표시된 영역이다). 흥미로운 사실은 뇌간의 이 영역이 손상되면 확실하게 혼수상태가 유발된다는 것이다.[19] 신기한 것은 이 영역의 앞부분(그림에서 A로 표시된 영

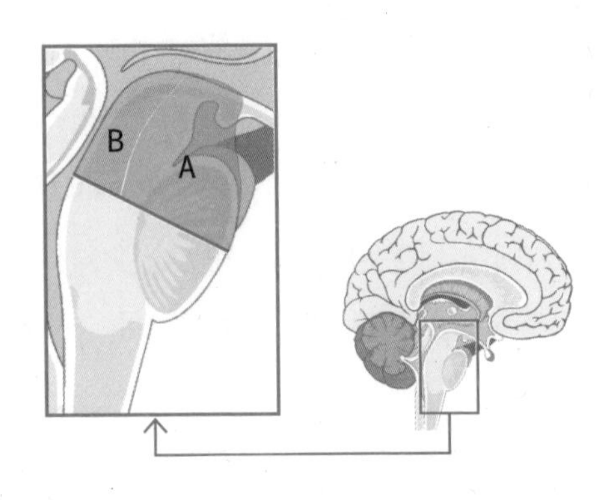

뇌간 영역을 확대한 그림. B로 표시된 영역이 손상되면 항상 의식이 상실된다. A로 표시된 영역이 손상되면 운동장애가 발생한다.

역)이 손상되면 혼수상태가 유발되지 않고 의식도 전혀 손상되지 않으면서 '감금 증후군'을 일으킨다는 사실이다. 이 끔찍한 증후군의 피해자들은 깨어 있고 의식도 명료하지만, 거의 움직일 수 없기 때문에 의사소통 능력이 극단적으로 떨어진다.

의식 생성에서 대뇌피질과 뇌간의 역할

그동안은 의식의 자연적인 기초가 전두 감각피질이나 전전두 감각피질이 아닌 후두 감각피질posterior sensory cortex이라는 생각이 지배적이었다. 하지만 이 생각은 아주 일부만 맞는 생각이다. 현실은 이보다 훨씬 더 복잡하다.

뇌의 뒷부분에 자리 잡은 후두 감각피질에는 시각, 청각, 촉각을 담당하는 이른바 '초기' 감각피질들이 포함된다. 후두 감각피질은 시각 이미지, 청각 이미지, 촉각 이미지를 만들고 드러내는 핵심적인 역할을 한다. 하지만 감각 양식 각각의 이른바 '고차원high order' 연합피질들도 이미지 생성 과정과 합성 이미지 조합 과정에서 역할을 한다. 고차원 연합피질이란 측두엽-두정엽 연접부TPJ에서 교차하는 피질을 말한다(주요

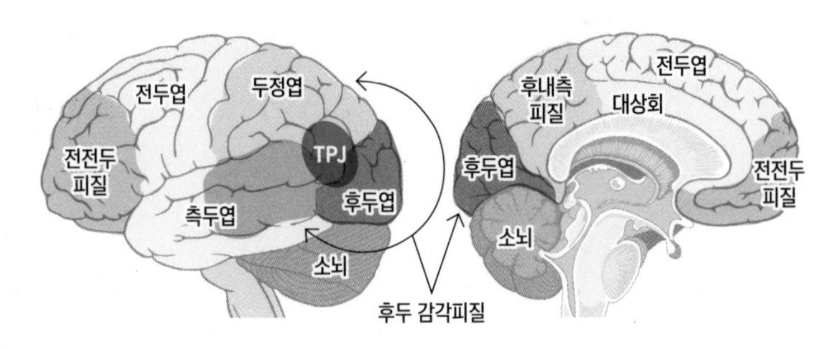

인간 대뇌피질의 주요 영역. TPJ는 측두엽-두정엽 연접부이다.

대뇌피질들을 보여주는 위의 그림 참조).

실제로 외측 피질 영역과 후측 피질 영역 전체는 이미지 생성과 이미지 표시와 관련되며, 이는 이 영역 전체가 마음을 만드는 데 관련돼 있다는 뜻이다. 그렇다면 의식은 어떨까? 이 영역은 마음이 의식을 존재할 수 있게 만드는 데에도 관련이 있을까? 최소한 부분적으로는 그래 보인다. 의식은 이미지에 기초한 과정이기 때문에 의식이 생성되려면 많은 이미지들이 기질 역할을 해야 한다. 이 이미지들은 후두 감각피질이 충분히 제공한다. 이 후두 감각피질의 일부 영역들은 이미지들의 통합에 도움을 주고, 이 이미지들이 의식이 되는 과정에서 이미지들의 순서를 조율하는 역할을 하는 것으로 보인다. 하지만 후두 감각피질이 이런 이미지들을 쉽게 생성하고 그 순서를 정렬하여 이미지들을 의식하게 만들려면 **이 이미지들의 소유권을 확실하게 만드는 지식이 추가**되어야 한다. 이 과정은 이 이미지들이 고유의 특성들을 가지고 있으며, 고유의 과거를 기억에 저장하고 있는 특정한 유기체에게 속한다는 지식이 추가되는 과정이다. 후두 감각피질만이 의식을 만든다는 생각의 문제점은 다음과 같은 사실에서 드러난다. **이미지들의 소유권을 확실하게 만드는 주요 메커니즘은 항상성 명령에 따른 느낌의 존재이지만, 이 느낌의 존재는 후두 감각피질에 주로 의존하지 않는다.** 앞에서 살펴보았듯이, 느낌은 이미지들이 우리 내부의 실제 기관들과 내수용감각 신경계의 활발한 상호작용을 묘사하는 혼성적인 과정이다.

느낌을 만드는 구조들은 (1) 내수용계의 말단 부분 (2) 뇌간핵 (3) 대상피질 (4) 뇌섬 피질에 위치한다. 뇌섬 피질 영역은 실제 내부 기관들과 감각기관들과의 상호작용을 나타내는 표상들을 포함한, 내부 과정들의 다양한 원천들(유기체 내부에서 느낌이 일어나도록 만드는 다양한 원인들)에 대한 표상들을 통합할 수 있는 위치와 구조를 가지고 있다. 고차원의 느낌 과정은 이 뇌섬 피질 영역에 의존하는 것으로 보인다. 또한 뇌섬 피질 영역은 척수 신경절에서 시작해 척수를 따라 뇌간, 특히 방완핵(부완핵으로도 불린다. 뇌와 척수 사이의 신호 통로

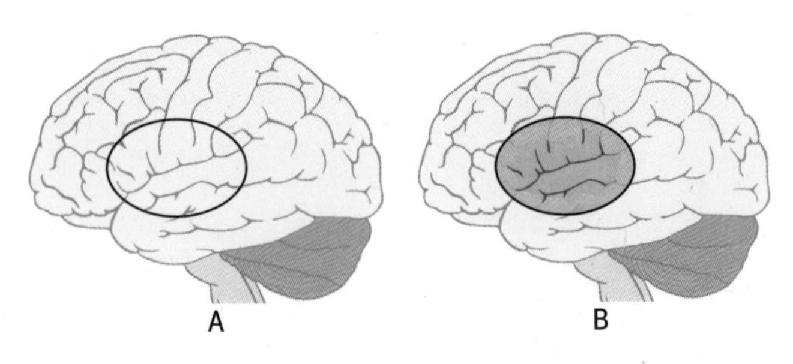

뇌섬 피질은 양쪽 반구 깊숙한 곳에 위치한다.
그림 A에서 타원으로 표시한 피질 영역 밑에 그림 B처럼 뇌섬 피질이 위치한다.

인 뇌교에 존재하는 신경세포 무리), 중뇌수도회색질(중간뇌 수도관 주위의 회색질로 자율 기능, 동기 행동 및 위협 자극에 대한 행동 반응에 중요한 역할을 하는 핵), 고립로핵(뇌간에서 연수 수질에 내장된 회백질의 수직의 뉴런 다발 줄기를 형성하는 신경세포 다발)으로 이어지는 긴 경로 안의 수많은 기존 구조들이 해놓은 일들을 다듬고 완성하는 영역이다. 뇌섬 피질 영역과 그 뇌섬 피질 영역과 연접한 피질하 구조들은 '정동 복합체affect complex'를 구성한다(위의 그림 참조).

여기서 핵심적인 문제는 후두 감각피질 세트와 '정동 복합체'라는 두 구조가 어떻게 결합해 의식 있는 마음을 만드는가이다. 나는 두 가지 가능성이 있다고 본다. 첫 번째 가능성은 실제로 신경돌기가 '정동 복합체'에서 '후두 감각피질 세트'

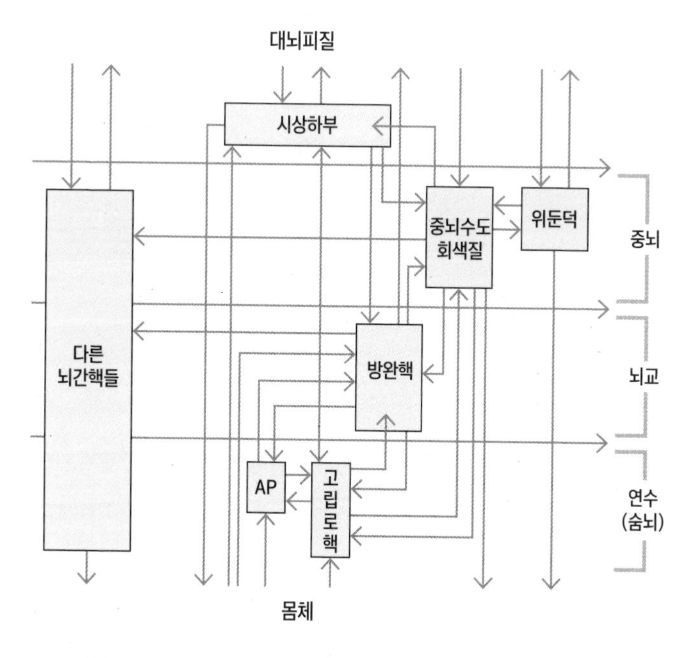

정동 과정을 구성하는 뇌간 구조들, 그 구조들 사이의 상호 연결 관계, 정보의 입출력 위치를 나타낸 다이어그램. AP는 뇌의 맨 아래 구역이다.

로 그리고 그 반대 방향으로 연결될 가능성이다. 두 번째 가능성은 이 두 구조가 거의 동시에 가깝지만, 미세한 시간 간격을 두고 순차적으로 활성화될 가능성이다. 어떤 쪽이든, 의식 있는 마음이 궁극적으로 구현되기 위해서는 뇌의 이 두 구조 **모두에** 의존한다. 의식은 **어느 한 구조에 의해서만** 발생한다고 말할 수 없다. 또한 의식 있는 마음의 생성 과정에는 대뇌피질의 또 다른 영역이 조정 역할을 하는 것으로 보인다. 바로 PMC(후내측 피질)다. 이 영역은 대뇌반구의 내측 그리고 후측 표면에 주로 위치한다. 이 영역은 다른 대뇌피질이 의식 있는 마음의 생성에 참여하는 과정을 지시하는 역할을 할 가능성이 있다.

그렇다면 전두 피질은 어떤 역할을 할까? 전두 피질은 의식 생성에 관여할까? 답은 앞쪽 전두 피질, 즉 전전두 피질이 의식 있는 마음의 생성에서 **중요한 역할을 하지 않는다**는 사실에 있다. 인간 뇌의 전형적인 병변에 관한 연구들에 따르면, 전전두 피질이 손상되거나 수술로 절제돼도 의식 있는 마음이 생성되는 과정의 기초는 **와해되지 않는다**. 전전두 피질은 이미지 조작과 관련되며, 후두 감각피질에서 만들어지는 이미지들의 활성화, 정렬, 공간적 위치 부여를 촉진한다. 즉, 전전두 피질은 후두 감각피질과 후내측 피질의 일부 영역들도 하는 역할들을 조율한다. 또한 전전두 피질은 의식 과정을 환하게 밝혀주고 우리의 것이라고 확인시켜주는 마음속의 광대한 파노라마들을 조합하는 데 도움을 주는 것으로 보인다.

전두 영역은 지적인 마음의 작용, 즉 추론, 의사결정, 창의적인 해석 등에 상당히 큰 기여를 하지만, 기본적인 의식이 의존하는 역할, 즉 지식을 풍성하게 하는 핵심적인 역할은 하지 않는 것으로 보인다. 전두 영역은 마음의 소유주를 확인해주지 않으며, 그 소유주에게 마음에 대한 소유권을 부여하지는 않지만, 인간 능력의 최고치를 드러내주는 매우 규모가 큰 **확장된 마음**의 생성에 도움을 준다.[20]

느낌이 있는 기계, 의식이 있는 기계

로봇공학은 인공지능AI의 궁극적인 표현이다. 우선 여기서 나는 '인공'이라는 말이 너무나 적절하다고 말하고 싶다. 우리 삶을 매우 효율적이고 편안하게 만드는 인공지능 장치들의 지능에는 '자연적인' 요소가 하나도 없다. 인공지능 장치들을 만드는 과정에도 역시 '자연적인' 요소는 전혀 개입되지 않는다. 하지만 인공지능과 로봇공학의 출현 자체는 자연적이고 살아 있는 유기체로부터 영감을 얻어 가능해진 것이다. 특히 생명체들의 문제 해결 능력, 운동의 효율성과 경제성이 이 영감의 원천이라고 할 수 있다.

인공지능과 로봇공학 개척자들은 인간 같은 존재, 즉 매우 효율적이고 신속하게 일을 하면서도 그렇게 효율적이고 신속하게 하는 일에 대해 느낌을 가지는 존재로부터 영감을 얻었다고 생각할 수도 있으리라. 또한 자신이 하는 일이나 다른 사람이 자신을 위해 하는 일을 두고 때로는 기뻐하고 황홀해하거나 슬퍼하고 고통스러워하는 존재로부터 영감을 얻었다고 생각할 수도 있을 것이다.

하지만 이 뛰어난 개척자들은 경제적인 접근법을 선택해 바로 핵심으로 진입했다. 이들은 그들이 가장 핵심적이고 유용하다고 생각하는 것(일반적 지능)을 모방하면서, 필요 없고 불편하기까지 하다고 생각했을 어떤 것(느낌 부분)을 배제했다. 이들은 정동을 쓸모없는 것이라고 생각했던 것 같다. 정동은 명징한 사고, 정확한 문제 해결, 정밀한 행동을 방해하는 것으로 여겨 배제했을 것이다.

역사적인 관점에서 볼 때 이들의 선택은 이해가 간다. 이들의 선택은 훌륭한 결과와 그에 따르는 부를 창출해냈기 때문이다. 하지만 이들은 그 과정에서 인간의 진화에 관해 상당히 심각한 오해를 하고 있음을 드러냈고, 그럼으로써 창의적인 능력과 궁극적인 수준의 지능 면에서 인공지능과 로봇공학의 범위를 제한하게 됐다.

우리가 이 책에서 지금까지 다뤄온 것들을 생각하면 이들이 인간 진화에 관해 심각하게 잘못 이해했다는 점이 분명해진다. 이들은 정동의 세계, 즉 욕구, 동기, 항상성 조절, 정서에서 비롯되는 느낌의 경험이 적응력이 높고 효율적인 지능보다 더 먼저 출현했으며, 창의성의 출현과 성장의 열쇠였다는 점을 제대로 이해하지 못했다. 정동의 세계는 박테리아의 숨겨진 맹목적 능력보다 여러 단계 위에 위치하지만 충분히 발달한 인간의 지능에는 못 미치는 어떤 것이다. 실제로 정동의 세계는 의식 있는 마음이 점진적으로 발달시키고 확장시킨 고도의 지능에 이르기 위한 징검다리 역할을 했다. 정동의 세계는 우리 인간이 점진적으로 자율성을 발달시키는 과정에 필요한 원천을 제공했으며, 그 과정에서 핵심적인 역할을 했다.

이제 이 사실들을 제대로 인식하고 인공지능과 로봇공학의 새로운 장을 열어야 할 때다. 우리에게는 '항상성 명령에 따르는 느낌'대로 작동하는 기계를 만들 충분한 능력이 있다. 그렇게 하기 위해서는 로봇에게 지속적인 존재를 위해 조절과 조정을 필요로 하는 '몸'을 주어야 한다. 바꿔 말하면, 역설적이게도 로봇의 강점인 튼튼함에 어느 정도의 취약성을 추가해야 한다. 그러기 위해서는 로봇 구조 전체에 센서를 심어 로봇이 스스로 자신의 몸 상태를 탐지하고 몸의 효율성을 나타내도록 함으로써 해당 정보를 통합하게 만들면 된다. 단단한 구조들을 유연하고 조절 가능한 구조들로 바꾸는 '소프트 로보틱스soft robotics'라는 새로운 기술을 이용하면 된다. 또한 느낌을 가진 기계를 만들려면 이렇게 '감각하고 감각되는' 몸의 작용 결과를 기계를 둘러싼 환경을 처리하고 그 환경에 반응하는 유기체 요소들로 전달해 가장 효과적인, 즉 가장 지능적인 반응이 선택되도록 만들 수 있어야 한다. 바꿔 말하면, 기계가 몸 안에서 '느끼는' 것이 기계를 둘러싼 환경에 대한 반응에 영향력을 행사해야 한다는 뜻이다. 이때의 '영향력'이란 **반응의 질과 효율성**을 높여 로봇의 행동을 내부 환경의 인도가 없을 때보다 더 지능적으로 만드는 영향력이다. 느낌을 가진 기계는 더 이상 무관심하고 예측 가능한 로봇이 아니다. 느낌을 가진 로봇은 어느 정도까지는 자신을 스스로 돌보고 주변 환경에 지능적으로 대처할 수 있다.

'느낌이 있는' 로봇이 '의식이 있는' 로봇이 될 수 있을까? 그렇게 빨리 이루어지지는 않을 것이다. 느낌은 의식으로 가는 길의 일부이므로, 느낌이 있는 로봇은 의식과 관련된 기능적 요소들을 발달시키겠지만, 이 로봇의 '느낌'은 살아 있는 생물체의 느낌과 같은 느낌은 아니다. 이런 기계가 가지게 될 의식의 '정도'는 결국 '기계의 내부'와 기계 외부의 '환경'에 대한 내부적 표상의 복잡성에 의존할 것이다.

적절한 조건이 갖춰진다면, '느낌이 있는' 이런 차세대 로봇은 자연적 존재와 인공적 존재의 합성 존재로서 진짜 느낌을 가진 인간을 효율적으로 도울 수 있을 것이다. 또한 이 차세대 로봇은 다양한 실제 환경에서 인간의 행동과 마음을 연구할 수 있는 유일무이한 실험실의 역할을 하게 될 것이다.[21]

생명과 자연선택은 우리와 우리 주변의 수많은 유기체들을 통제한다. 수십억 년에 걸쳐 다양한 유기체들이 제한된 시간 안에서 어떤 형태로든 생명을 유지해왔으며, 이 유기체들의 존재가 자연적으로 또는 우연히 끝나면 다른 살아 있는 유기체들이 살아갈 수 있도록 공간과 조건들이 마련됐다. 생명체의 진화 과정에서 뒤늦게 등장한 인간은 단순히 생태계의 지배적인 존재가 된 것을 넘어 행동을 매우 정교하게 발달시켰고, 그 행동 수준에 맞춰 환경을 만들어냈으며, 지구 전체를 지배하게 됐다. 진화를 거치며 인간이 거둔 이런 장대한 성공을 보면서 나는 그런 성공을 가능하게 한 장치에 대해 특별한 관심을 갖게 됐다. 어떤 기능과 전략으로 인간은 그런 성공을 거두게 됐을까? 그 기능과 전략은 진짜로 인간이 만들어낸 새로운 것일까? 인간이 당면한 문제를 해결하기 위해 필요할 때 새로 진화한 것일까, 아니면 원래 있었던 생물학적 기능이 개조된 것일까?

이런 장치들이 무엇인지 찾으려고 하다 보면 자연스럽게 우리는 인간의 의식 있는 마음 자체에 대한 생각을 먼저 하게 된다. 인간의 의식 있는 마음은 우리가 사는 우주의 실체를 밝혀줄 존재다. 이렇게 강력한 힘을 가진 인간의 의식 있는 마음은 비상한 학습 능력과 기억 능력, 비상한 추론·결정·창조 능력의 도움을 받아왔다. 이 모든 능력은 음성언어, 수학 언어, 음악 언어 등의 언어들을 구사할 수 있는 능력에 의해 보강된다. 따라서 이런 능력들을 풍부하게 갖춘 인간은 '단순한 존재'에서 '느끼고 아는 존재'로 아주 짧은 시간 안에 변화했을 것이다. 또한 인간이 도덕 체계, 종교, 예술, 과학기술, 정치와 경제, 철학을 발명하게 된 것도, 간단히 말해, 끝없는 자부심과 자만심을 바탕으로 문화를 발명하게 된 것도 놀랄 만한 일이 아니다. 인간은 인간의 목적을 위해 지구를 개조해왔다. 바이오매스biomass(태양에너지를 받아 유기물을 합성하는 식물체와 이들을 식량으로 하는 동물, 미생물 등과 같은 생물 유기체의 총칭)와 지구의 물리적 구조를 개조해온 인간은 이제 은하 공간에서도 비슷한 일을 하려고 하고 있다.

의식 있는 마음과 문화의 발명이 인간이 생명이라는 극적인 현상에 대처하는 데 도움을 준 방식에 대한 이런 설명에는 어느 정도의 진실이 확실하게 포함돼 있지만, 중요한 사실이 배제돼 있기도 하다. 불행히도 이런 배제는 인간이 이룬 업적과 그동안 겪은 역경에 대한 잘못된 해석과 가능한 미래에 대한 잘못된 설명을 낳았다.

인간의 능력을 예외적으로 생각해 인간의 대처 능력과 인간이 아닌 생물체의 대처 능력 사이의 차이를 과장하여 말하는 것은 매우 잘못된 생각의 발로다. 이는 인간의 능력만 대단하게 여기고, 인간이 아닌 생명체의 능력은 부당하게 과소평가하는 생각이다. 또한 미생물에서 인간에 이르는 수많은 생명체들 사이의 상호의존과 협력을 인식하지 못한 생각이기도 하다. 궁극적으로 이 생각은 생명이 시작된 이후부터 자연에(심지어는 생명 발생 이전의 물리적 · 화학적 활동에서도) 강력한 **동기, 설계, 메커니즘**이 존재했으며, 이 동기, 설계, 메커니즘이 최소한 부분적으로라도, 통상 인간만이 만들어낸다고 생각되는 문화의 청사진을 만들어낸다는 것을 인식하지 못한 생각이다.

그 기초적인 동기 중 하나는 생명 자체다. 생명은 **항상성**과 생명이 지속할 수 있는 범위로부터의 위험한 이탈을 감지해 유기체에게 필요한 수정을 요구하는 **항상성 명령들**을 가능하게 하는 화학적 능력과 균형 감각을 가지고 있다. 박테리아에서부터 인간에 이르기까지 모든 유기체는 이 기초적인 동기에 의존한다.

항상성 요구에 부응하는 데 도움을 주는 설계와 메커니즘은 동기 다음으로 중요한 위치를 차지한다. 여기서 설계와 메커니즘이란 영양분이나 산소 같은 기본적인 에너지원 확보에서부터 영역의 통제, 포식행위로부터의 방어, 사회적 협력과 갈등 같은 문제들에 대처하는 전략 생성 등에 이르기까지 생명 유지 과정에서 부딪히는 문제들에 대한 만족스러운 해결 방법을 생각해내는 능력인 지능을 말한다.

이런 지능의 가장 강력하고 대표적인 형태는 박테리아에서 발견된다. 박테리아는 앞에서 언급한 모든 문제들을 매우 쉽게 해결한다. 박테리아의 지능은 비명시적이다. 이 지능은 유기체의 구조나 주변 세계의 이미지를 담은 마음에 의존하지 않는다. 이 지능은 느낌(유기체의 내부 상태의 척도)이나 그 느낌에서 비롯된 유기체의 소유권 확보(유기체가 자신이 느끼는 그 느낌이 자신에게 속해 있음을 자각한 상태)와 이 소유권 확보로 인해 고유의 관점이 생성되는 과정, 즉 의식에 의존하지도 않는다. 하지만 마음이 없는 이런 단순한 유기체들은 이 숨겨진 비명시적 능력으로 수십억 년이 넘는 세월 동안 성공적으로 생존해왔다. 이 능력은 우리 같은 다세포생물에 마음이 개입된 명시적이고 분명한 지능이 출현할 수 있도록 강력한 설계도를 제공했다. 박테리아(그리고 식물)의 이 간단하지만 광범위한 감각/감지 능력은 단순한 유기체들이 온도, 다른 생물체의 존재 같은 자극을 탐지해 방어적으로 그리고 선제적으로 반응할 수 있게 만들었다. 신기하게도, 이 소박한 형태의 인지는 후에 명시적 느낌이 마음의 구축에 기여하는 어떤 것의 전구체가 됐다.

명시적인 다차원적 패턴들의 지도를 기초로 하는 마음의 출현으로 유기체 외부 세계의 이미지와 유기체 내부 세계의 이미지가 동시에 생성될 수 있는 비약적인 진보가 이루어졌다. 외부 세계의 이미지는 유기체가 자신이 속한 환경에서 성공적으로 행동할 수 있도록 인도했다. 또한 유기체 내부에서 일어나는 혼성적인 상호작용 과정인 느낌은 5억 년 전에 신경계가 출현한 이후로 유기체로 하여금 창의적이고 적응된 행동을 가능하게 하는 데 마음속에서나 그리고 물리적인 세계에서나 가장 큰 역할을 했다. 느낌은 느낌을 가진 생명체를 인도하고, 그 생명체에 동기를 부여했으며, 의식의 기초가 되기도 했다.

인간의 문화라는 독특한 도구와 사회적인 현상의 출현 및 그 구조는 그 도구와 현상보다 먼저 출현해 그 도구와 현상을 가능하게 만든 생물학적 현상의 관점에서 이해해야 한다. 생물학적 현상에는 **항상성 조절, 비명시적 지능, 이미지 생성을 위한 장치, 복잡한 유기체 내부의 상태를 마음속에서 해석하는 느낌, 의식 자체, 사회적 협력의 메커니즘**이 포함된다. 생명의 역사에서 볼 때 이와 같은 생물학적 현상의 강력한 전구체 중 하나는 박테리아의 '정족수 감지' 능력이다. 종 사이의 협력을 보여주는 전형적인 예로는 인간 내부에 사는 미생물을 들 수 있다. 인체 내부에 사는 수조 마리의 박테리아는 인간이 건강하게 살도록 도움을 주는 동시에 인간의 생명으로부터 자신들의 생명 주기 유지에 필요한 도움을 얻는다. 이런 협력의 또 다른 예는 숲에서도 찾을 수 있다. 땅 위와 땅 밑에서 이루어지는 나무와 균류의 놀라운 협력이 그것이다.

인간의 의식 있는 마음과 그 마음이 새로 만들어낸 놀라운 것들은 경탄의 대상이고도 남는다. 이 놀라운 것들은 자연이 이전부터 제공해온 문제 해결 방법들보다 더 우위에 있다. 하지만 우리는 인간이 어떻게 현재에 이르렀는지에 대한 설명과 우리가 우리 유기체 안에서 만들어내는 데 성공한 기본적인 장치들이 인간이 아닌 다른 생명체들이 개체와 집단의 생존을 위해 오랫동안 사용해온 장치들이 변형되고 업그레이드돼 만들어진 것이라는 사실 사이에서 균형 감각을 유지해야 한다. 우리는 불완전하게 이해되고 있는 이 경이로운 지능과 자연의 설계 자체에 경의를 표해야 한다.

인간의 지능과 감성이 만들어낸 위대한 예술 작품으로부터 우리가 느끼는 조화로움이나 공포 뒤에는 그와 관련된 행복감, 즐거움, 괴로움, 고통의 느낌이 존재한다. 이런 느낌 뒤에는 항상성 요구를 따르는 생명 상태와 그렇지 않는 생명 상태가 존재한다. 또한 이런 상태 뒤에는 생명 유지와 우주의 항성들과 행성들의 움직임을 조율하는 화학적·물리적 과정들이 존재한다.

이런 우선순위를 인정하고 상호의존성을 인식하면 인간이 지구와 지구상의 생명체들에 가하는 피해를 줄일 수 있다. 기후변화와 전염병의 세계적 대유행 등 우리가 현재 직면하고 있는 재앙은 지구가 인간으로부터 당한 피해 때문에 발생한 것이다. 이런 인정과 인식은 우리가 직면하고 있는 큰 문제들에 대한 숙고를 통해 현명하고, 윤리적이고, 실용적이면서도 인간이 점유하고 있는 이 커다란 생물학적 무대를 보존할 수 있는 해결 방법을 제시하기 위해 자신의 삶을 바치는 사람들의 목소리에 귀를 기울이도록 동기를 부여할 것이다. 어쨌든 희망은 남아 있다. 낙관해야 할 이유 역시 남아 있을 것이다.[1]

감사의 말

일반적으로 감사의 말에서는 작가가 어떻게 책을 쓰게 됐는지 그 배경을 밝히곤 한다. 하지만 나는 이미 들어가는 말에서 이 책의 편집자인 댄 프랭크의 생각과 일반적인 과학 도서 형식으로 쓰인 그간의 내 저서에 대한 독자들의 반응으로부터 내가 느낀 좌절이 이 책을 어떻게 쓰게 만들었는지에 대해 언급했다. 지금까지 연구했던 내용들을 되짚어보게 해주고, 그 과정에서 내가 과거에 힘들게 탐구했던 과학적 문제들의 일부가 확실하게 풀렸다는 사실을 알게 해준 편집자에게 감사드린다.

또한 이런 특이한 형식의 책을 가능하게 만들어준 동료들과 친구들에게도 감사의 마음을 전한다. 먼저, 뇌·창의성 연구소의 동료들에게 감사드린다. 이들은 생물학, 심리학, 신경과학의 모든 측면에 관해 매일 나와 아이디어를 나눈 고마운 사람들이다. 이 책의 초고를 끈기 있게 읽고, 지적인 조언과

견해를 제공해준 킹슨 맨, 조너스 캐플런, 맥스 헤닝, 헬더 아라우호, 앤서니 바카로, 존 몬테로소, 마르코 베르웨이, 아살 하비비, 라엘 칸, 메리 헬렌 이모르디노-양, 리어나도 크리스토프-무어, 모르테자 데가니, 리사 아지즈 자데에게 감사를 전한다.

이 책의 초고를 읽고 내게 용기를 주고 의견을 제시한 친구들인 피터 색스, 조리 그레이엄, 하트무트 네벤, 니콜라스 베르그루엔, 댄 트래널, 요제프 파르비치, 바바라 구겐하임, 레지나 바인가르텐, 줄리언 모리스, 랜든 로스, 실비아 가스파르도, 찰스 레이에게도 감사의 마음을 전한다. 이 친구들 중 일부는 그전에 내가 책을 쓸 때도 도움을 준 친구들이라 더욱 더 감사한 마음이 든다.

그동안 책을 쓰면서 나는 안정적인 집필 환경과 그 환경에서 내가 들었던 음악, 감상했던 그림의 도움도 많이 받았다. 그동안 내가 출간했던 책들 중 일부는 피아니스트 마리아 주앙 피레스, 첼리스트 요요마, 지휘자 다니엘 바렌보임 등의 아티스트와 불가분의 관계에 있다. 이 책을 쓸 때는 힘들 때마다 엘레나 안드레예프의 바흐 첼로 모음곡 연주를 들으면서 마음의 안정과 사고의 명징함을 회복하곤 했다. 안드레예프에게 감사드린다.

역량이 매우 뛰어난 저작권 에이전트이자 너무나 소중한 친구들이기도 한 마이클 칼라일과 알렉시스 헐리는 나에게 항상 웃음과 용기를 주었다. 감사드린다.

연구실의 뛰어난 행정 관리자 드니즈 나카무라에게도 감사의 마음을 전한다. 나카무라는 언제나 침착하게 문헌 검색을 해주었으며, 내가 손으로 쓴 원고를 정리해주고, 내가 구술한 내용을 완벽하게 원고로 옮겨주었다.

아내 해나 다마지오는 내가 어떤 생각을 하는지 이미 다 알고 있지만, 그럼에도 불구하고 내가 쓰는 모든 단어를 꼼꼼하게 살펴줬다. 아내는 내 생각에 동의하든 그렇지 않든, 참을성 있게 내 글에 의견을 제시하고 건설적인 조언을 아끼지 않았다. 이 책은 아내 없이는 가능하지 않았을 것이다. 아내에게 무한한 감사의 마음을 전한다.

역자의 말

우리 시대 가장 걸출한 신경과학자로 평가받는 안토니오 다마지오의 최신작 《느끼고 아는 존재》는 그가 지난 수십 년 동안 의식의 문제에 천착해온 결과를 요약하고 자신의 최근 연구 결과를 추가해 비교적 "쉽고 간단하게" 써낸 책이다.

다마지오의 문장은 난해하다. 본인도 인정하듯이 그동안 다마지오가 쓴 책들은 독자들이 그 내용을 "즐기기는커녕 제대로 따라가기 어려웠다"는 치명적인 아킬레스건을 가지고 있다. 사실 내용 자체도 난해하지만 그 내용을 표현한 다마지오의 문장 자체도 매우 난해했다. 이 책은 그간의 이런 독자들의 "원성"과 본인의 "반성"을 적극적으로 반영한 책이다. 저자는 전작들과는 사뭇 다르게 핵심적인 아이디어들에 대한 요약을 비교적 "정성스럽게" 했고, 특유의 난해한 문장들도 최대한 독자들이 이해하기 쉽게 여러 번 고친 흔적들이 보인다. 하지만 여전히 다마지오의 도전적인 아이디어와 생각은 이 책에서도 계속된다.

다마지오는 이 책에서 그동안 불가사의의 존재로 "잘못 생각되던" 의식에 대해 짧지만 결코 표면적이지 않게 다루고 있다. 이 짧은 책에서 다마지오가 결국 말하고 싶었던 것은 의식에 관한 "어려운 문제hard problem"로 보인다. 지금도 과학자들은 인간의 뇌 안에서 일어나는 특정한 물리적·물질적 과정이 어떻게 주관적인 경험을 생성하는지 연구하고 있다. 여기에 바로 설명적 간극explanatory gap(주관적 경험의 질적 차원을 뇌로부터 분리하는 과정에서 발생하는 간극)이 존재한다. 호주의 인지과학자 데이비드 차머스는 이 설명적 간극을 극복하는 것을 "어려운 문제"라고 부르면서, 이 문제는 해결할 수 있는 방법이 없으며, 앞으로도 결코 없을 것이라고 주장한다.

하지만 다마지오의 생각은 다르다. 다마지오는 인내심을 가지고 이 문제를 풀기 위해 노력할 필요가 없다고 주장한다. 다마지오는 뇌라는 물리적 실체 안에 존재하는 뉴런들이 어떻게 의식을 만들어내는지 주저하지 않고 경쾌하게 설명한다. 매우 간단한 논리다. 다마지오는 뉴런들만으로는 의식이 생성될 수 없다고 생각한다. 의식 형성 과정에서 뇌가 핵심적인 역할을 하는 것은 사실이지만, 그렇게 하기 위해서 뇌는 "유기체의 (뇌를 제외한) 몸 본체의 비신경non-neural 조직들"로부터의 입력을 필요로 한다는 것이 다마지오의 주장이다.

다마지오는 "의식은 마음의 특정한 상태이므로 마음이 없으면 의식도 나타날 수 없다"고 말한다. 다마지오에 따르면, 이 특정한 마음의 상태는 (뇌만이 아닌) 몸 전체에서 일어나는 생물학적 과정의 결과이며, 느낌은 우리 마음속에 존재하는 것들이 우리에게 속한다는 사실을 우리가 알게 되는 과정의 기초가 된다. 다마지오는 우리의 경험과 의식을 가능하게 하는 것은 바로 느낌이며, 특히 의식의 시작은 항상성 느낌에 의한 것이라는 주장을 전작들에서부터 계속 해오고 있다.

다마지오의 이번 책은 매우 특이한 책이다. 신경과학 전공자가 아닌 일반 독자들도 쉽게 이해할 수 있도록 쉽게 쓰인 책이라는 평가를 받고 있기 때문이다(번역자로서는 이 평가에 반 정도만 동의한다). 게다가 이 책은 전작들과는 달리 분량이 매우 적은데다 소주제별로 잘게 나눠져 있어 가독성이 매우 높기도 하다.

하지만 아무리 쉽게 쓰였다고 해도 다마지오는 다마지오다. 다마지오는 다양한 분야에 전문적인 지식을 가지고 통찰력 깊은 사고를 하는 학자다. 사실 이 책은 그간 저자가 깊이 연구해온 신경과학, 인지과학, 심리학과 철학을 결합한 일종의 "과학적 잠언"으로 읽히기도 한다.

다마지오의 전작들을 읽은 독자들, 특히 대학 수준의 심리학 또는 신경과학 지식을 가진 독자들은 이 간단하고 짧은 다마지오의 책을 무릎을 치면서 읽게 될 것이다. 그리고 다마지오 책을 처음 읽는 독자들은 이 책을 통해 다마지오의 다른 책들에 도전할 수 있는 용기를 얻게 되길 바란다.

1장 존재에 관하여

1 《느낌의 진화: 생명과 문화를 만든 놀라운 순서*The Strange Order of Things: Life, Feeling, and the Making of Cultures*》(아르테, 2019)에서 나는 이 놀라운 사실들에 대해 다뤘다. 생명의 역사에서 제일 처음 나타난 생명체들은 예상보다 훨씬 더 지적인 생명체들이었다. 생물학과 문화의 교차 현상에 관한 최근 연구 결과를 더 알고 싶으면 안토니오 다마지오와 해나 다마지오의 "How Life Regulation and Feelings Motivate the Cultural Mind: A Neurobiological Account," in *The Cambridge Handbook of Cognitive Development*, ed. Olivier Houdé and Grégoire Borst (Cambridge, UK.: Cambridge University Press, 2021) 참조.

2 정족수 감지는 박테리아 같은 단세포생물이 가진 놀라운 지능을 보여주는 두드러진 예다. Stephen P. Diggle, Ashleigh S. Griffin, Genevieve S. Campbell, and Stuart A. West, "Cooperation and Conflict in Quorum-Sensing Bacterial Populations," *Nature* 450, no. 7168 (2007): 411–14; and Kenneth H. Nealson and J. Woodland Hastings, "Quorum Sensing on a Global Scale: Massive Numbers of Bioluminescent Bacteria Make Milky Seas," *Applied and Environmental Microbiology* 72, no. 4 (2006): 2295–97 참조.

단세포생물의 생명 과정과 놀라운 능력에 대해서는 다음의 논문과 책 참조. Arto Annila and Erkki Annila, "Why Did Life Emerge?,"

International Journal of Astrobiology 7, no. 3–4 (2008): 293–300; Thomas R. Cech, "The RNA Worlds in Context," *Cold Spring Harbor Perspectives in Biology* 4, no. 7 (2012): a006742; Richard Dawkins, *The Selfish Gene: 30th Anniversary Edition* (New York: Oxford University Press, 2006); Christian de Duve, *Singularities: Landmarks in the Pathways of Life* (Cambridge, U.K.: Cambridge University Press, 2005); Christian de Duve, *Vital Dust: The Origin and Evolution of Life on Earth* (New York: Basic Books, 1995); Freeman Dyson, *Origins of Life* (New York: Cambridge University Press, 1999); Gerald Edelman, *Neural Darwinism: The Theory of Neuronal Group Selection* (New York: Basic Books, 1987); Gregory D. Edgecombe and David A. Legg, "Origins and Early Evolution of Arthropods," *Palaeontology* 57, no. 3 (2014): 457–68; Ivan Erill, Susana Campoy, and Jordi Barbé, "Aeons of Distress: An Evolutionary Perspective on the Bacterial SOS Response," *FEMS Microbiology Reviews* 31, no. 6 (2007): 637–56; Robert A. Foley, Lawrence Martin, Marta Mirazón Lahr, and Chris Stringer, "Major Transitions in Human Evolution," *Philosophical Transactions of the Royal Society B* 371, no. 1698 (2016), doi.org/10.1098/rstb.2015.0229; Tibor Gantí, The Principles of Life (New York: Oxford University Press, 2003); Daniel G. Gibson, John I. Glass, Carole Lartigue, Vladimir N. Noskov, Ray-Yuan Chuang, Mikkel A. Algire, Gwynedd A. Benders, et al., "Creation of a Bacterial Cell Controlled by a Chemically Synthesized Genome," *Science* 329, no. 5987 (2010): 52–56; Paul G. Higgs and Niles Lehman, "The RNA World: Molecular Cooperation at the Origins of Life," *Nature Reviews Genetics* 16, no. 1 (2015): 7–17; Alexandre

Jousset, Nico Eisenhauer, Eva Materne, and Stefan Scheu, "Evolutionary History Predicts the Stability of Cooperation in Microbial Communities," *Nature Communications* 4 (2013); Gerald F. Joyce, "Bit by Bit: The Darwinian Basis of Life," *PLoS Biology* 10, no. 5 (2012): e1001323; Stuart Kauffman, "What Is Life?," *Israel Journal of Chemistry* 55, no. 8 (2015): 875–79; Daniel B. Kearns, "A Field Guide to Bacterial Swarming Motility," *Nature Reviews Microbiology* 8, no. 9 (2010): 634–44; Maya E. Kotas and Ruslan Medzhitov, "Homeostasis, Inflammation, and Disease Susceptibility," *Cell* 160, no. 5 (2015): 816–27; Karin E. Kram and Steven E. Finkel, "Rich Medium Composition Affects *Escherichia coli* Survival, Glycation, and Mutation Frequency During Long-Term Batch Culture," *Applied and Environmental Microbiology* 81, no. 13 (2015): 4442–50; Richard Leakey, *The Origin of Humankind* (New York: Basic Books, 1994); Derek Le Roith, Joseph Shiloach, Jesse Roth, and Maxine A. Lesniak, "Evolutionary Origins of Vertebrate Hormones: Substances Similar to Mammalian Insulins Are Native to Unicellular Eukaryotes," *Proceedings of the National Academy of Sciences* 77, no. 10 (1980): 6184–88; Michael Levin, "The Computational Boundary of a 'Self': Developmental Bioelectricity Drives Multicellularity and Scale-Free Cognition," Frontiers in *Psychology* (2019); Richard C. Lewontin, *Biology as Ideology: The Doctrine of DNA* (New York: HarperPerennial, 1991); Mark Lyte and John F. Cryan, Microbial Endocrinology: *The Microbiota-Gut-Brain Axis in Health and Disease* (New York: Springer, 2014); Alberto P. Macho and Cyril Zipfel, "Plant PRRs and the Activation of Innate Immune

Signaling," *Molecular Cell* 54, no. 2 (2014): 263–72; Lynn Margulis, *Symbiotic Planet: A New View of Evolution* (New York: Basic Books, 1998); Humberto R. Maturana and Francisco J. Varela, "Autopoiesis: The Organization of Living," in *Autopoiesis and Cognition*, ed. Humberto R. Maturana and Francisco J. Varela (Dordrecht: Reidel, 1980), 73–155; Margaret J. McFall-Ngai, "The Importance of Microbes in Animal Development: Lessons from the Squid-Vibrio Symbiosis," *Annual Review of Microbiology* 68 (2014): 177–94; Stephen B. McMahon, Federica La Russa, and David L. H. Bennett, "Crosstalk Between the Nociceptive and Immune Systems in Host Defense and Disease," *Nature Reviews Neuroscience* 16, no. 7 (2015): 389–402; Lucas John Mix, "Defending Definitions of Life," *Astrobiology* 15, no. 1 (2015): 15–19; Robert Pascal, Addy Pross, and John D. Sutherland, "Towards an Evolutionary Theory of the Origin of Life Based on Kinetics and Thermodynamics," *Open Biology* 3, no. 11 (2013): 130156; Alexandre Persat, Carey D. Nadell, Minyoung Kevin Kim, Francois Ingremeau, Albert Siryaporn, Knut Drescher, Ned S. Wingreen, Bonnie L. Bassler, Zemer Gitai, and Howard A. Stone, "The Mechanical World of Bacteria," *Cell* 161, no. 5 (2015): 988–97; Abe Pressman, Celia Blanco, and Irene A. Chen, "The RNA World as a Model System to Study the Origin of Life," *Current Biology* 25, no. 19 (2015): R953—R963; Paul B. Rainey and Katrina Rainey, "Evolution of Cooperation and Conflict in Experimental Bacterial Populations," *Nature* 425, no. 6953 (2003): 72–74; Kepa Ruiz-Mirazo, Carlos Briones, and Andrés de la Escosura, "Prebiotic Systems Chemistry: New Perspectives for the

Origins of Life," Chemical Reviews 114, no. 1 (2014): 285–366; Erwin Schrödinger, *What Is Life?* (Cambridge, U.K.: Cambridge University Press, 1944); Vanessa Sperandio, Alfredo G. Torres, Bruce Jarvis, James P. Nataro, and James B. Kaper, "Bacteria-Host Communication: The Language of Hormones," *Proceedings of the National Academy of Sciences* 100, no. 15 (2003): 8951–56; Jan Spitzer, Gary J. Pielak, and Bert Poolman, "Emergence of Life: Physical Chemistry Changes the Paradigm," *Biology Direct* 10, no. 33 (2015); Eörs Szathmáry and John Maynard Smith, "The Major Evolutionary Transitions," *Nature* 374, no. 6519 (1995): 227–32; D'Arcy Thompson, *On Growth and Form* (Cambridge, U.K.: Cambridge University Press, 1942); John S. Torday, "A Central Theory of Biology," *Medical Hypotheses* 85, no. 1 (2015): 49–57.

3 자아의 개념, 다양한 종류의 자아, 자아의 생리학적 기초에 대해서는 이전에 쓴 책 《*Self Comes to Mind: Constructing the Conscious Brain*》(New York: Pantheon, 2010)에서 다뤘다.

2장 마음과 표상이라는 새로운 기술에 관하여

1 비명시적 지능에 관해서는 프란티셰크 발루스카(František Baluška)와 마이클 레빈(Michael Levin)의 다음 연구를 참조. František Baluška and Michael Levin, "On Having No Head: Cognition Throughout Biological Systems," *Frontiers in Psychology* 7 (2016): 1–19; František Baluška and Stefano Mancuso, "Deep Evolutionary Origins of Neurobiology: Turning the Essence of 'Neural' Upside-Down," *Communicative and Integrative Biology* 2, no. 1 (2009): 60–65; František Baluška and Arthur Reber, "Sentience

and Consciousness in Single Cells: How the First Minds Emerged in Unicellular Species," *BioEssays* 41, no. 3 (2019); Paco Calvo and František Baluška, "Conditions for Minimal Intelligence Across Eukaryota: A Cognitive Science Perspective," *Frontiers in Psychology* 6 (2015): 1–4, doi.org/10.3389/fpsyg.2015.01329.

2 Claude Bernard, *Leçons sur les phénomènes de la vie communs aux animaux et aux végétaux* (Paris: J.-B. Baillière et Fils, 1879), reprints from the collection of the University of Michigan Library; A. J. Trewavas, "What Is Plant Behaviour?," *Plant Cell and Environment* 32 (2009): 606–16; Edward O. Wilson, *The Social Conquest of the Earth* (New York: Liveright, 2012).

3 시각에 관한 데이비드 허블과 토르스텐 비셀의 선구적인 연구는 다음의 논문과 책 참조. David Hubel and Torsten Wiesel, *Brain and Visual Perception* (New York: Oxford University Press, 2004); Richard Masland, *We Know It When We See It: What the Neurobiology of Vision Tells Us About How We Think* (New York: Basic Books, 2020), provides a recent perspective on visual perception. See also Eric Kandel, James H. Schwartz, Thomas M. Jessell, Steven A. Siegelbaum, and A. J. Hudspeth, eds., *Principles of Neural Science*, 5th ed. (New York: McGraw-Hill, 2013); Stephen M. Kosslyn, *Image and Mind* (Cambridge, Mass.: Harvard University Press, 1980); Stephen M. Kosslyn, Giorgio Ganis, and William L. Thompson, "Neural Foundations of Imagery," *Nature Reviews Neuroscience* 2 (2001): 635–42; Stephen M. Kosslyn, Alvaro Pascual-Leone, Olivier Felician, Susana Camposano, et al., "The Role of Area 17 in Visual Imagery: Convergent Evidence from

PET and rTMS," *Science* 284 (1999): 167–70; Scott D. Slotnick, William L. Thompson, and Stephen M. Kosslyn, "Visual Mental Imagery Induces Retinotopically Organized Activation of Early Visual Areas," *Cerebral Cortex* 15 (2005): 1570–83.

4 후각 지각과 미각 지각의 복잡성에 관한 연구 결과를 알고 싶으면 다음의 논문 참조. L. Buck and R. Axel, "A Novel multigene family may encode odorant receptors: A molecular basis for odor recognition," *Cell* 65 (1991): 175-187.

5 Kandel, Schwartz, Jessell, Siegelbaum, and Hudspeth, *Principles of Neural Science*. 신경계의 해부학적 구조와 생리학적 기능에 관한 부분 참조.

6 Stuart Hameroff, "The Quantum Origin of Life: How the Brain Evolved to Feel Good," in *On Human Nature*, ed. Michel Tibayrenc and Francisco José Ayala (Amsterdam: Elsevier/AP, 2017), 333–53; Roger Penrose, "The Emperor's New Mind"(한국어판은 《황제의 새 마음》, 이화여자대학교출판부, 1996), *Royal Society for the Encouragement of Arts, Manufactures, and Commerce* 139, no. 5420 (1991): 506–14, www.jstor.org/stable/41378098.

7 Walter B. Cannon, *The Wisdom of the Body* (한국어판은 《인체의 지혜》, 동명사, 2009), New York: Norton, 1932, Walter B. Cannon, "Organization for Physiological Homeostasis," *Physiological Review* 9 (1929): 399–431; Claude Bernard, *Leçons sur les phénomènes de la vie communs aux animaux et aux végétaux* (Paris: J.-B. Baillière et Fils, 1879), reprints from the collection of the University of Michigan Library; Michael Pollan, "The Intelligent Plant," *New Yorker*, Dec. 23 and 30, 2013.

8 특정한 상황에서는 식물도 협력적인 관계와 공생 관계의 일부가 된다. 숲속에 있는 나무들이 땅 밑에 내린 뿌리가 전형적인 예다. 이 모든 사례는 마음이 없고, 비의식적이며, 비신경적인 지능의 힘을 잘 보여준다. Monica Gagliano, *Thus Spoke the Plant* (New York: Penguin Random House, 2018) 참조.

9 Michel Serres, *Petite Poucette*, Paris: Le Pommier, 2012. (한국어판은 《엄지세대, 두 개의 뇌로 만들 미래: 프랑스 현대철학의 거장 미셸 세르의 신인류 예찬》, 갈라파고스, 2014).

3장 느낌에 관하여

1 특히 스튜어트 해머로프 같은 학자는 유기체들에 신경계가 나타나기 전에 느낌이 먼저 나타났다고 주장했다. 내가 보기에 이런 생각의 기초는 특정한 '물리적 구성(physical configurations)'이 더 안정적이고 생존 가능성이 높은 생명 상태와 연관이 있다는 사실이다. 나는 이 생각이 맞다고 보지만, 그렇다고 해서 이런 물리적 구성이 느낌을 생성한다고, 즉 유기체의 현재 상태를 나타내는 마음의 상태를 직접적으로 생성한다고 생각하는 것은 무리가 있다고 본다. 내 생각에는, 마음의 상태가 존재하려면 상당히 정교한 신경계가 먼저 존재해야 하며, 마음의 상태는 유기체의 상태를 신경 지도로 표상하는 것에 의존한다. Stuart Hameroff, "The Quantum Origin of Life: How the Brain Evolved to Feel Good," in *On Human Nature*, ed. Michel Tibayrenc and Francisco José Ayala (Amsterdam: Elsevier/AP, 2017), 333–53 참조.

2 나는 '원시적(primordial)'이라는 말을 전통적인 의미로 사용했다. 즉, 인간의 초기 단계 진화에서 나타난 간단하고 직접적인 느낌이

자 인간 유아나 인간이 아닌 수많은 종들에서 아직도 나타나는 느낌에 대해 설명하기 위해 이 용어를 사용했다. 정서 표현의 원천이 되는 정서적인 느낌과 구분하기 위해서다. 나는 이런 초기의 느낌들도 모두 '항상성 명령에 의한' 느낌이라고 생각한다. 데릭 덴튼(Derek Denton)은 《원시적인 정서*The Primordial Emotions*》라는 책에서 '원시적'이라는 용어가 항상성 명령에 따라 "흥분을 해야 하고 행동을 해야 하는 급박한 상태"를 만들어내는 상태를 뜻한다고 썼다. 호흡 과정이나 (배뇨 같은) 분비 과정이 이 원시적 느낌의 배경이 된다. 이런 원시적인 정서들이 먼저 발생한 후에 그 정서들에 대응하는 각각의 느낌들이 발생하는 것이다. 이런 원시적 정서/느낌을 일으키는 주요 상황은 호흡기가 막혀 그 결과로 '호흡곤란'이 나타나는 상황이다. Derek Denton, *The Primordial Emotions: The Dawning of Consciousness* (Oxford: Oxford University Press, 2005) 참조.

3 마노스 차키리스(Manos Tsakiris)와 헬레나 데 프리스터(Helena De Preester)가 내수용감각에 대한 신경과학자들의 연구를 광범위하게 수집해 집필한 다음의 책 참조, *The Interoceptive Mind: From Homeostasis to Awareness*, ed. Manos Tsakiris and Helena De Preester (Oxford: Oxford University Press, 2019). 다음의 책도 참조. A. D. Craig, *How Do You Feel? An Interoceptive Moment with Your Neurobiological Self* (Princeton, N.J.: Princeton University Press, 2015); A. D. Craig, "Interoception: The Sense of the Physiological Condition of the Body," *Current Opinion in Neurobiology* 13, no. 4 (2003): 500–505; Hugo D. Critchley, Stefan Wiens, Pia Rotshtein, Arne Öhman, and Raymond J. Dolan, "Neural Systems Supporting Interoceptive Awareness," *Nature Neuroscience* 7, no. 2 (2004): 189–95.

4 항상성과 이상성의 구분에 대해 자세히 알고 싶으면 Bruce S. McEwen, "Stress, Adaptation, and Disease: Allostasis and Allostatic Load," *Annals of the New York Academy of Sciences* 840, no. 1 (1998): 33–44 참조.

5 정동의 일반적인 개념에서부터 생물학적 적용에 이르기까지 정동과 관련한 더 다양한 주제에 대해 알고 싶으면 다음의 논문과 책 참조. Ralph Adolphs and David J. Anderson, *The Neuroscience of Emotion: A New Synthesis* (Princeton, N.J.: Princeton University Press, 2018); Ralph Adolphs, Hanna Damasio, Daniel Tranel, Greg Cooper, and Antonio Damasio, "A Role for Somatosensory Cortices in the Visual Recognition of Emotion as Revealed by Three-Dimensional Lesion Mapping," *Journal of Neuroscience* 20, no. 7 (2000): 2683–90; Antonio Damasio, *The Feeling of What Happens: Body and Emotion in the Making of Consciousness* (New York: Harcourt Brace, 1999); Antonio Damasio, Hanna Damasio, and Daniel Tranel, "Persistence of Feelings and Sentience After Bilateral Damage of the Insula," *Cerebral Cortex* 23 (2012): 833–46; Antonio Damasio, Thomas J. Grabowski, Antoine Bechara, Hanna Damasio, Laura L. B. Ponto, Josef Parvizi, and Richard Hichwa, "Subcortical and Cortical Brain Activity During the Feeling of Self-Generated Emotions," *Nature Neuroscience* 3, no. 10 (2000): 1049–56, doi.org/10.1038/79871; Antonio Damasio and Joseph LeDoux, "Emotion," in *Principles of Neural Science*, ed. Eric Kandel, James H. Schwartz, Thomas M. Jessell, Steven A. Siegelbaum, and A. J. Hudspeth, 5th ed. (New York: McGraw-Hill, 2013); Richard Davidson and Brianna S. Shuyler,

"Neuroscience of Happiness," in *World Happiness Report 2015*, ed. John F. Helliwell, Richard Layard, and Jeffrey Sachs (New York: Sustainable Development Solutions Network, 2015); Mary Helen Immordino-Yang, *Emotions, Learning, and the Brain: Exploring the Educational Implications of Affective Neuroscience* (New York: W. W. Norton, 2015); Kenneth H. Nealson and J. Woodland Hastings, "Quorum Sensing on a Global Scale: Massive Numbers of Bioluminescent Bacteria Make Milky Seas," *Applied and Environmental Microbiology* 72, no. 4 (2006): 2295-97; Anil K. Seth, "Interoceptive Inference, Emotion, and the Embodied Self," *Trends in Cognitive Sciences* 17, no. 11 (2013): 565-73; Mark Solms, *The Feeling Brain: Selected Papers on Neuropsychoanalysis* (London: Karnac Books, 2015); Anthony G. Vaccaro, Jonas T. Kaplan, and Antonio Damasio, "Bittersweet: The Neuroscience of Ambivalent Affect," *Perspectives on Psychological Science* 15 (2020): 1187-99.

6 Stuart Hameroff, "The Quantum Origin of Life: How the Brain Evolved to Feel Good," in *On Human Nature*, ed. Michel Tibayrenc and Francisco José Ayala (Amsterdam: Elsevier/AP, 2017), 333-53.

7 헬레나 데 프리스터는 이 문제와 직접 관련된 느낌 현상에 대해 통찰력 있는 논문을 발표했다. 데 프리스터는 느낌을 '지각'이라고 말해야 한다면 느낌은 지각 과정의 전형적이지 않은 사례임이 분명하다고 주장한다. Helena De Preester, "Subjectivity as a Sentient Perspective and the Role of Interoception," in Tsakiris and De Preester, *Interoceptive Mind* 참조.

8 Antonio Damasio and Gil B. Carvalho, "The Nature of Feelings: Evolutionary and Neurobiological Origins," *Nature Reviews Neuroscience* 14, no. 2 (2013): 143–52; Gil Carvalho and Antonio Damasio, "Interoception as the Origin of Feelings: A New Synthesis," *BioEssays* (forthcoming June 2021).

9 Antonio Damasio, *The Strange Order of Things: Life, Feeling, and the Making of Cultures* (New York: Pantheon Books, 2018).

10 Derek Denton, *Primordial Emotions: The dawning of consciousness* (Oxford: Oxford University Press, 2005).

11 He-Bin Tang, Yu-Sang Li, Koji Arihiro, and Yoshihiro Nakata, "Activation of the Neurokinin-1 Receptor by Substance P Triggers the Release of Substance P from Cultured Adult Rat Dorsal Root Ganglion Neurons," *Molecular Pain* 3, no. 1 (2007): 42, doi.org/10.1186/1744-8069-3-42.

12 생물학적 현상과 사회문화적 구조와 작동 방식 사이의 밀접한 연관 관계는 《느낌의 진화: 생명과 문화를 만든 놀라운 순서》, Marco Verweij and Antonio Damasio, "The Somatic Marker Hypothesis and Political Life" in *Oxford Research Encyclopedia of Politics* (Oxford University Press, 2019) 참조.

4장 의식과 앎에 관하여

1 생물학과 문화의 진화 사이의 밀접한 관계에 대해서는 《느낌의 진화: 생명과 문화를 만든 놀라운 순서》에서 다뤘다.

2 W. H. Auden, *For the Time Being: A Christmas Oratorio* (London:

Plough, 1942).

3 '의식'이라는 말이 쓰이기 시작한 것은 매우 최근 일이다. 셰익스피어의 작품에도 의식이라는 말은 등장하지 않는다. 로망스 계열 언어들에는 영어의 'consciousness'에 해당하는 단어가 없으며, 'conscious(의식적인)'이라는 뜻을 가진 말이 'consciousness'의 동의어로 사용되며 도덕적인 행동을 가리키는 말로도 사용된다. 햄릿이 "양심 때문에 우리는 모두 겁쟁이가 된다(Thus conscience does make cowards of us all)"라고 말했을 때, 도덕적인 거리낌에 대해 말한 것이지 의식에 대해 말한 것은 아니다. 'consciousness'라는 말이 처음 등장한 것은 1690년 영국의 철학자 존 로크에 의해서다. 로크는 'consciousness'를 '사람의 마음에서 일어나는 지각(the perception of what passes in a man's mind)'으로 정의했다. 아주 엉성한 정의도 아니지만, 딱히 정확한 정의라고 할 수도 없다.

4 Derek Denton, *The Primordial Emotions: The Dawning of Consciousness* (Oxford: Oxford University Press, 2005).

5 스튜어트 해머로프와 크리스토퍼 코흐(Christof Koch)는 의식에 대해 범심론적(panpsychic) 관점을 취했다.

6 David J. Chalmers, *The Conscious Mind: In Search of a Fundamental Theory* (Oxford: Oxford University Press, 1996).

7 Thomas Nagel, "What Is It Like to Be a Bat?," *Philosophical Review* 83, no. 4 (1974): 435–50, doi.org/10.2307 /2183914.

8 수많은 철학자들이 다른 이유로 이 어려운 문제를 비판했다. Daniel C. Dennett, "Facing Up to the Hard Question of Consciousness," *Philosophical Transactions of the Royal Society B* (2018), doi.org/10.1098/rstb.2017.0342 참조.

9 의식에 관한 최근의 이론과 연구 결과는 Simona Ginsburg and Eva Jablonka, *The Evolution of the Sensitive Soul: Learning and the Origins of Consciousness* (Cambridge, Mass.: MIT Press, 2019) 참조. 이 책은 생리학적 관점과 생물학적 관점 모두에서 의식에 대한 현대의 관점들을 폭넓게 조명한다.

10 Antonio Damasio and Kaspar Meyer, "Consciousness: An Overview of the Phenomenon and of Its Possible Neural Basis," in *The Neurology of Consciousness*, ed. Steven Laureys and Giulio Tononi (Burlington, Mass.: Elsevier, 2009), 3 – 14.

11 Antonio Damasio, *The Feeling of What Happens: Body and Emotion in the Making of Consciousness* (New York: Harcourt Brace, 1999).

12 Emily Dickinson, "Poem XLIII," in *Collected Poems* (Philadelphia: Courage Books, 1991).

13 나의 동료 맥스 헤닝(Max Henning)은 이에 대해 다음과 같이 말했다. "특정한 생리학적 기능 또는 물질에서 마음의 주체를 찾지 않고 마음속에서 흐르는 모든 이미지 조각들의 속성에서 마음의 주체를 찾는 것은 불교 철학에서 이미 시도되고 있는 일이다. 데이비드 로이(David Loy)에 따르면, 특히 불교의 '무아(無我)'나 '연기(緣起)' 개념은 마음의 주체, 즉 '자아'가 물질적 실체를 가지고 있지 않으며, 자아는 마음속 '객체들'과의 관계 안에서만 존재한다는 점을 강조한다. 의식과 마음의 주체에 대한 구원론적 의문과 인식론적 의문의 통합에 대해서는 더 많은 연구가 필요하다." David R. Loy, *Nonduality: In Buddhism and Other Spiritual Traditions* (Wisdom Publications, 2019) 참조.

14 정보의 통합에 관해서는 줄리오 토노니(Giulio Tononi)와 크리스토퍼 코흐는 각각 정보의 통합에 대해 연구했다. Christof Koch, *The Feeling of Life Itself: Why Consciousness Is Widespread but Can't Be Computed* (Cambridge, Mass.: MIT Press, 2019) 참조. 이 책에서 '느낌'이라는 용어는 인지적 요소들의 결합을 의미하며, 이 책에서 내가 말한 정동 현상을 의미하지 않는다.

15 Stanislas Dehaene and Jean-Pierre Changeux have contributed remarkably to elucidating the intersection of attention and consciousness and provided the fundamental texts in this area. See Stanislas Dehaene, *Consciousness and the Brain: Deciphering How the Brain Codes Our Thoughts* (New York: Viking, 2014).

16 개인적 기억.

17 František Baluška, Ken Yokawa, Stefano Mancuso, and Keith Baverstock, "Understanding of Anesthesia—Why Consciousness Is Essential for Life and Not Based on Genes," *Communicative and Integrative Biology* 9, no. 6 (2016), doi.org/10.1080/19420889.2016.1238118.

18 Jerome B. Posner, Clifford B. Saper, Nicholas D. Schiff, and Fred Plum, *Plum and Posner's Diagnosis of Stupor and Coma* (New York: Oxford University Press, 2007).

19 See Damasio, *Feeling of What Happens*, chapter 8 on the neurology of consciousness. See also Josef Parvizi and Antonio Damasio, "Neuroanatomical Correlates of Brainstem Coma," *Brain* 126, no. 7 (2003): 1524–36; Josef Parvizi and Antonio Damasio, "Consciousness and the Brainstem," *Cognition* 79, no.

1 (2001): 135 – 60.

20 Antonio Damasio, *Self Comes to Mind: Constructing the Conscious Brain* (New York: Pantheon, 2010); Antonio Damasio, Hanna Damasio, and Daniel Tranel, "Persistence of Feelings and Sentience After Bilateral Damage of the Insula," *Cerebral Cortex* 23 (2012): 833 – 46; Antonio Damasio and Kaspar Meyer, "Consciousness: An Overview of the Phenomenon and of Its Possible Neural Basis," in *The Neurology of Consciousness*, ed. Steven Laureys and Giulio Tononi (Burlington, Mass.: Elsevier, 2009), 3 – 14.

21 Kingson Man and Antonio Damasio, "Homeostasis and Soft Robotics in the Design of Feeling Machines," *Nature Machine Intelligence* 1 (2019): 446 – 52, doi.org/10.1038/s42256-019-0103-7.

맺는 말

1 피터 싱어(Peter Singer)와 폴 파머(Paul Farmer)의 이론은 인류가 현재 처한 어려움에 대한 반응을 보여주는 사례다. Peter Singer, *The Expanding Circle: Ethics, Evolution, and Moral Progress* (Princeton, N.J.: Princeton University Press, 2011); Paul Farmer, *Fevers, Feuds, and Diamonds: Ebola and the Ravages of History* (New York: Farrar, Straus and Giroux, 2020) 참조.

- David Rudrauf, Daniel Bennequin, Isabela Granić, Gregory Landini, Karl Friston, and Kenneth Williford, "A Mathematical Model of Embodied Consciousness", *Journal of Theoretical Biology* 428 (2017): 106–31. doi.org/10.1016/j.jtbi.2017.05.032.
- Edward O. Wilson, *The Social Conquest of the Earth*, New York: Liveright, 2012.
- John S. Torday, "A Central Theory of Biology", *Medical Hypotheses* 85, no. 1 (2015): 49–57.
- Lawrence W. Barsalou, "Grounded Cognition", *Annual Review of Psychology* 59 (2008): 617–45.
- Luis P. Villarreal. "Are Viruses Alive?" *Scientific American* 291, no. 6 (2004): 100–105. doi.org/10.2307/26060805.
- Nick Bostrom, *Superintelligence: Paths, Dangers, Strategies*, Oxford: Oxford University Press, 2014.
- Rodrigo Quian Quiroga, "Plugging into Human Memory: Advantages, Challenges, and Insights from Human Single-Neuron Recordings", *Cell* 179, no. 5 (2019): 1015–32. doi.org/10.1016/j.cell.2019.10.016.

- Sean Carroll, *The Big Picture*, New York: Dutton, 2016.
- Siri Hustvedt, *The Delusions of Certainty*, New York: Simon & Schuster, 2017.
- John N. Gray, *The Silence of Animals: On Progress and Other Modern Myths*, New York: Farrar, Straus and Giroux, 2013. (한국어판은 《동물들의 침묵: 진보를 비롯한 오늘날의 파괴적 신화에 대하여》, 이후, 2014)